信号処理教科書
— 不規則信号とフィルタ —

原島 博 著

コロナ社

本書の構成（前半）

本章の前半では不規則信号を扱う。

第0章　プロローグ ― 不規則信号と信号処理フィルタの考え方を簡単に説明して本書の導入とする ―

第1章　不規則信号の基礎 ― まずはとりあえず必要な不規則信号の基礎概念を学ぶ ―

不規則信号は確率統計現象の一つである
　それぞれの信号波形そのものではなく，観測された信号全体（確率集合）に共通の性質（統計的性質）を問題とする。

不規則信号の確率密度関数
　不規則信号の統計的性質は，複数時点での信号の同時生起確率を表現した結合確率密度関数（有限次元分布）で記述される。

定常信号と非定常信号
　不規則信号の統計的性質が時間によらない信号を定常信号という。定常には結合確率密度関数が時間によらない強定常と，一次と二次の統計量が時間によらない弱定常がある。

集合平均，時間平均と総計量
　結合確率密度関数を特徴づける変数として統計量があり，信号の平均操作によって求められる。平均には確率集合で平均する集合平均と，定常性を前提として時間的に平均する時間平均がある。

エルゴード信号
　集合平均と時間平均が一致する定常信号をエルゴード信号という。

第2章　相関関数とスペクトル ― 不規則信号の性質を時間領域と周波数領域で解析する ―

時間領域で解析する相関関数
　相関関数は，一つあるいは二つの信号の，時間がずれた信号値がどの程度似ているかを示す。自己相関関数と相互相関関数がある。

周波数領域で解析するスペクトル
　スペクトルは，一つあるいは二つの信号にどのような周波数成分が含まれているか，あるいはその関係がどうかについて解析する。電力スペクトル密度と相互スペクトル密度がある。

ウィナー・ヒンチンの定理
　時間領域の相関関数と周波数領域のスペクトルはたがいにフーリエ変換・逆変換の関係にある。

線形システムと不規則信号
　不規則信号が線形システムを通過すると，相関関数とスペクトルがどう変化するかを学ぶ。

第3章　スペクトル推定
　　　― スペクトル推定には
　　　　　　さまざまな工夫がある ―

第4章　信号のベクトル表現とその扱い
　　　― 信号をまとめてベクトルとして
　　　　　　扱うことを学ぶ ―

相関関数をフーリエ変換して求める
　観測信号が限られているときは，安定なスペクトル推定ができないので，窓関数（ウインドウ）を適用する。

信号を直接フーリエ変換して求める
　高速フーリエ変換を適用するときは，さまざまな歪みが生じるので注意が必要である。

信号生成モデルからスペクトルを推定する
　まずは信号の生成モデルを推定して，その変数を用いてスペクトルを求める（詳しいアルゴリズムは第7章）。

信号波形のベクトル表現
　ベクトル信号により複数の信号を同時に扱える。一つの時間信号も標本化や関数展開でベクトル化できる。

ベクトル信号の統計量と多次元ガウス分布
　平均値ベクトルと共分散行列が基本となる。この二つの統計量で定義できる代表的な分布として，多次元ガウス分布がある。

ベクトル信号の線形変換と直交変換
　線形変換によって統計量がどう変わるか学ぶ。直交変換を中心に，代表的な線形変換を学ぶ。

本書の構成（後半）

本書の後半では統計的信号処理フィルタを扱う。

第5章　ウィナーフィルタ
― 定常信号を対象として
雑音除去と予測を行う ―

不規則信号の推定問題
雑音除去と予測の問題を定式化して，最適フィルタの条件として直交性の原理とウィナー・ホッフ（W–H）方程式を導く。

連続時間ウィナーフィルタ
W–H方程式の近似解を求め，その構造を明らかにする。因果性をみたす厳密解は結果のみを示す。

離散時間ウィナーフィルタ
連立一次方程式としてのW–H方程式を解く。

ベクトル信号のウィナーフィルタ
ベクトル最適解をカルマンフィルタにつなぐ。

第6章　カルマンフィルタ
― 信号モデルに基づいて
時間領域で推定する ―

カルマンフィルタの考え方
まずはカルマンフィルタの形を理解する。

信号と観測のモデル化
信号の生成モデルを方程式で記述する。

カルマンフィルタの構成
生成モデルに基づいてカルマンフィルタの具体的な構成を導く。

最適なカルマンフィルタとその意味
最適な構成を導出して，その意味を考察する。

カルマンフィルタは非線形にも拡張される

第7章　線形予測理論と格子型フィルタ ― 線形予測理論を展開して格子型フィルタを導く ―

信号生成モデルと線形予測問題
自己回帰型の信号生成モデルの構築と線形予測問題は密接な関係がある。

m次線形予測問題の解とアルゴリズム
ユール・ウォーカー方程式の解法としてレヴィンソン・ダービンのアルゴリズムと格子型アルゴリズムを導き格子型フィルタにつなげる。

信号生成モデルの構築
モデルの安定性と次数の決定問題を扱う。

線形予測理論の応用
スペクトル推定への応用：MEM法などの分解能が優れたスペクトル推定法が導かれる。
音声分析への応用：音声生成モデルに基づいて音声の分析・合成・符号化が可能になる。

第8章　適応フィルタとアルゴリズム
― フィルタ係数を環境の
変化に追随させる ―

適応フィルタとは
未知あるいは変動する環境に追随して適応的に係数を再調整するフィルタ。

適応アルゴリズム
適応アルゴリズムとして，逐次適応アルゴリズムと最小二乗適応アルゴリズムがある。

適応フィルタにはさまざまな応用がある

第9章　非線形信号処理フィルタ
― 非線形操作によって
特色ある処理を実現する ―

非線形フィルタとは
信号や雑音がガウス性でないときは非線形フィルタによって特性が改善できる。

さまざまな非線形フィルタ
メジアンフィルタを代表とする順序統計量に基づくフィルタ，εフィルタなどの特色ある非線形フィルタを紹介する。

第10章　エピローグ ― 本書をまとめて，今後の学びへつなげる ―

付　録 ― 本書を学ぶために必要な信号波形解析と確率の基礎をまとめておく ―

ま え が き

　これはその名のとおり信号処理の教科書です。教科書ですから入門書です。独習書としても読むことができます。

　信号処理と一口でいっても，その取り扱う範囲は多岐にわたります。そのすべてを網羅することは，入門的な教科書としては適切ではありません。ここでは，はじめてこの分野を学ぶ読者の方に，まずは知っておいていただきたい内容に限って解説しました。具体的には，スペクトル解析に代表される不規則信号の扱い方と，雑音除去や信号の予測を行う統計的信号処理フィルタが，その中心的な内容になっています。ただし，後半の信号処理フィルタについては，全体をまとめた類書が少ないので，少しだけ詳しく記しました。

　実は本書は，先に出版した拙書『信号解析教科書―信号とシステム―』（コロナ社）の姉妹書として執筆しました。でもその下巻という位置づけにはなっていません。独立に学ぶことができます。ただし本書では，前著で触れられている内容はすでに一通り学んでいることを想定しています。すなわち確定信号を対象とした信号波形のフーリエ解析（フーリエ変換や高速フーリエ変換，…）や，線形システムの基本的な扱い方（伝達関数やたたみこみ積分，z変換，…）などです。これらについて忘れてしまった方，あるいは自信がない方は，手元にある教科書で結構ですから，本書を学びながらもう一度復習していただければ幸いです。本書にも付録に，その簡単なまとめをつけておきました。

　なお，この教科書は，私自身が東京大学を定年退職するまで，工学部の学生を対象として行った講義のノートをもとにして執筆したものです。そこで私が担当した講義は2科目ありました。「信号解析基礎」と「信号処理工学」です。信号解析基礎の講義ノートが上記の「信号解析教科書」，そして信号処理工学の講義ノートが本書になりました。本書の後半の一部は大学院講義のノートも含まれています。

　こうして2冊の教科書を執筆して，私自身いろいろと思うことがありました。

　教科書は，その分野を初めて学ぶ学生へのメッセージです。かつて私が講義したときの一人ひとりの学生の顔を思い浮かべながら，その講義ノートを教科書にする執筆作業は，それなりに楽しい作業でした。その学生はいまや偉くなって，私の講義のことなど，すっかり忘れていると思いますが。

　一方で，教科書を執筆するときに，このような読者は絶対に想定してはいけないと自分に言い聞かせました。同じ分野の専門の先生方です。○○の表現が厳密でない。××が抜けて

いる。いちいちそれを気にしていると，教科書が難しくなります。そして盛り沢山になります。教科書でなく専門書になってしまいます。ここではすべてを網羅的に盛り込むのではなく，内容を精選することを心掛けました。

　本書も，前著と同じように，単なる理論ではなく，できるだけその基本となる考え方が明確になるように執筆しました。本書の内容は，理論的には確率過程論あるいは不規則信号論と呼ばれているものに相当しています。それをきちんと記そうとすると，ほとんどが数式になります。将来のこの分野の研究者を育てるためには，厳密に理論展開をすることが必要ですが，ここでは必ずしもそうでない読者を想定して，まずはイメージをつかんでいただくことを目的としました。そのため，数学的な厳密性はあえて無視したところがありますがお許しください。

　教科書には実は陥りやすい落とし穴があります。実は私が学生のころに，評判だった名講義がありました。教科書がなく，板書きの美しさと名口調に学生はしびれました。ところが，その先生が教科書を出版してからは，教科書を読み上げるだけの講義となって，その講義の魅力が半減してしまったのです。

　教科書にはそのような危険性があります。一方で教科書があると，最低限の教えるべき内容はそこに記されていますから，それを学生が自分で学習することを前提とすれば，講義そのものはもっと面白くできます。必要に応じて独自の話題を提供できます。ときには雑談もよいでしょう。それによって，その分野の魅力や学ぶことの楽しさを学生に伝えることができれば，その講義は素晴らしいものになるはずです。ぜひ本書がその手助けになるような教科書であってほしいと願っています。

　最後に東京大学での私の講義に，それぞれの学期で熱心につきあっていただいた学生諸君に心よりお礼を申し上げます。また本書の出版に際して，大変な編集作業や校正作業を担当していただいたコロナ社に感謝します。プロとして仕事をしていただきました。ありがとうございました。

　2018 年秋，台風一過の秋晴れの日に

原　島　　博

目　　　次

第0章　プロローグ

0.1　信号処理とは 2
　　1.　例を挙げると　*2*
　　2.　信号処理のさまざまな形　*3*
0.2　この本の構成 5

第1章　不規則信号の基礎

1.1　不規則信号と確率統計現象 8
　　1.　ランダムに見えても規則性がある　*8*
　　2.　試行と事象，標本空間，そして確率　*8*
　　3.　確率統計現象　*9*
　　4.　不規則変数　*9*
　　5.　不規則信号　*11*
1.2　確率密度関数（有限次元分布） 13
　　1.　確率密度関数とは　*13*
　　2.　有限次元分布　*14*
1.3　定常信号と非定常信号 15
　　1.　定常信号　*15*
　　2.　強定常と弱定常　*15*
1.4　不規則信号の統計量 17
　　1.　集合平均と時間平均　*17*
　　2.　統計量　*18*
　　3.　統計量について補足　*20*
1.5　エルゴード性 22
理解度チェック 24

第2章　相関関数とスペクトル

2.1　スペクトル解析 26

iv　目　次

2.2　相関の基礎　………………………………………………………………　27
　　　1.　2 変数の相関　*27*
　　　2.　二つの時間波形の相関　*29*

2.3　自己相関関数と相互相関関数　…………………………………………　30
　　　1.　自己相関関数　*30*
　　　2.　相互相関関数　*33*
　　　3.　相関関数に関するいくつかの補遺　*34*
　　　4.　相関関数から何がわかるか　*36*

2.4　電力スペクトル密度と相互スペクトル密度　…………………………　38
　　　1.　電力スペクトル密度　*38*
　　　2.　相互スペクトル密度　*42*
　　　3.　それぞれのスペクトルのまとめ　*43*

2.5　ウィナー・ヒンチンの定理　……………………………………………　44
　　　1.　自己相関関数と電力スペクトル密度の関係　*44*
　　　2.　相互相関関数と相互スペクトル密度の関係　*45*
　　　3.　いくつかの例　*45*

2.6　線形システムと不規則信号　……………………………………………　46
　　　1.　線形システム入出力の電力スペクトル密度と相互スペクトル密度　*46*
　　　2.　線形システム入出力の自己相関関数と相互相関関数　*47*

2.7　相関関数とスペクトルのまとめ　………………………………………　48

理解度チェック　………………………………………………………………　50

第 3 章　スペクトル推定

3.1　スペクトル推定手法　……………………………………………………　52
　　　1.　スペクトル推定の考え方　*52*
　　　2.　スペクトル推定の条件　*53*

3.2　相関関数法によるスペクトル推定　……………………………………　55
　　　1.　相関関数の推定　*55*
　　　2.　ウィンドウ処理　*56*

3.3　ピリオドグラム法によるスペクトル推定　……………………………　59
　　　1.　ピリオドグラム法での平均操作　*59*
　　　2.　データウィンドウ　*59*
　　　3.　FFT によるスペクトルの計算　*60*

3.4　線形モデル法によるスペクトル推定　…………………………………　62
　　　1.　線形モデル法の考え方　*62*
　　　2.　線形モデル法の分類　*63*

目　次　　v

　　　│　3.　最大エントロピー法　　64

理解度チェック　　66

第4章　信号のベクトル表現とその扱い

4.1　ベクトル信号　　68

　　　│　1.　ベクトル　　68
　　　│　2.　ベクトル信号の例　　70

4.2　ベクトル信号の統計的性質　　72

　　　│　1.　平均値ベクトルと共分散行列　　72
　　　│　2.　共分散行列の性質　　73
　　　│　3.　線形変換されたベクトル信号の統計量　　74

4.3　多次元ガウス分布　　75

　　　│　1.　多次元ガウス分布の定義　　75
　　　│　2.　分布の値が等しい x の軌跡　　77

4.4　直交変換　　78

　　　│　1.　直交行列と直交変換　　78
　　　│　2.　直交変換の例　　78
　　　│　3.　グラム・シュミットの直交化法　　80

理解度チェック　　82

第5章　ウィナーフィルタ

5.1　不規則信号の推定問題　　84

　　　│　1.　簡単な信号推定問題の解　　84
　　　│　2.　少しだけ一般化した推定問題の解　　86
　　　│　3.　さまざまな推定問題　　87

5.2　連続時間ウィナーフィルタ　　88

　　　│　1.　連続時間信号の推定問題　　88
　　　│　2.　直交性の原理とウィナー・ホッフ方程式　　89
　　　│　3.　ウィナー・ホッフ方程式の近似解　　91
　　　│　4.　遅延無限大の最適ウィナーフィルタ　　91
　　　│　5.　因果性をみたすウィナーフィルタ　　94

5.3　離散時間ウィナーフィルタ　　95

　　　│　1.　離散時間信号の推定問題　　95
　　　│　2.　直交性の原理とウィナー・ホッフ方程式　　96
　　　│　3.　有限インパルス応答（FIR）フィルタによる実現　　97

4. ウィナー予測フィルタ　*98*	
5.4 ベクトル信号のウィナーフィルタ	*99*
1. ベクトル信号の推定問題　*99*	
2. 雑音のある観測信号からの推定問題　*100*	
理解度チェック	*102*

第6章　カルマンフィルタ

6.1 カルマンフィルタの考え方	*104*
1. カルマンフィルタの目的　*104*	
2. カルマンフィルタの特徴　*104*	
3. カルマンフィルタの形　*105*	
6.2 信号と観測のモデル化	*107*
1. 信号のモデル化　*107*	
2. 観測のモデル化　*108*	
3. 状態方程式と観測方程式　*108*	
6.3 カルマンフィルタの構成	*110*
1. カルマンフィルタにおける推定問題　*110*	
2. カルマンフィルタの基本構成　*111*	
6.4 カルマンゲイン	*113*
1. カルマンフィルタの変形　*113*	
2. カルマンゲインの最適化問題　*114*	
3. 最適なカルマンゲイン　*115*	
4. 推定誤差の共分散行列　*116*	
5. 予測誤差の共分散行列　*116*	
6.5 最適カルマンフィルタ	*117*
1. 最適なカルマンフィルタのまとめ　*117*	
2. カルマンフィルタにおける関係式の別表現　*118*	
3. カルマンフィルタにおけるそれぞれの関係式の意味　*119*	
4. カルマンフィルタの基本構成が最適であることの証明　*120*	
6.6 カルマンフィルタの拡張	*122*
1. 連続時間カルマンフィルタ　*122*	
2. 非線形カルマンフィルタ　*123*	
理解度チェック	*124*

第7章　線形予測理論と格子型フィルタ

7.1　信号の生成モデルと線形予測問題　……………………………………… 126

7.2　m 次線形予測問題　………………………………… 128

7.3　レヴィンソン・ダービンのアルゴリズム　……………………… 130

7.4　格子型アルゴリズム　……………………………………………… 134
- 1.　前向き予測誤差と後向き予測誤差　*134*
- 2.　格子型フィルタ　*136*
- 3.　反射係数の決定　*138*

7.5　信号生成モデルの構成　………………………………………… 140
- 1.　信号生成モデルの構成（まとめ）　*140*
- 2.　信号生成モデルの安定性　*140*
- 3.　信号生成モデルの次数の決定　*141*

7.6　信号生成モデルの応用　……………………………………… 143
- 1.　スペクトル推定への応用　*143*
- 2.　音声信号処理への応用　*143*

理解度チェック　…………………………………………………… 146

第8章　適応フィルタとアルゴリズム

8.1　適応フィルタの考え方　……………………………………… 148
- 1.　適応フィルタの構成　*148*
- 2.　適応問題の定式化　*149*
- 3.　最適係数の条件　*151*
- 4.　係数適応アルゴリズム　*152*

8.2　逐次適応アルゴリズム　……………………………………… 153
- 1.　勾配アルゴリズムと LMS アルゴリズム　*153*
- 2.　LMS アルゴリズムの収束性と係数 μ の決め方　*155*

8.3　最小二乗適応アルゴリズム　………………………………… 156

8.4　さまざまな適応フィルタ　…………………………………… 159

8.5　適応フィルタの応用　………………………………………… 160

理解度チェック　…………………………………………………… 162

第9章 非線形信号処理フィルタ

9.1 非線形信号処理フィルタとは ……………………………………………… 164

9.2 メジアンフィルタ ………………………………………………………… 165
    1. メジアンフィルタとは   *165*
    2. 二次元メジアンフィルタ   *167*
    3. 荷重メジアンフィルタ   *167*
    4. スタックフィルタ   *169*

9.3 順序統計量に基づくフィルタ ……………………………………………… 171
    1. 順序統計による信号の並べ替えとフィルタ処理   *171*
    2. 順序統計フィルタ   *172*

9.4 ε フィルタ ……………………………………………………………… 174
    1. ε フィルタの原理   *174*
    2. ε フィルタの解釈   *176*
    3. ε フィルタの拡張   *177*

9.5 その他の非線形フィルタ …………………………………………………… 179
    1. 相乗性雑音に対するフィルタ   *179*
    2. 準同型フィルタ   *179*
    3. ヴォルテラフィルタ   *180*
    4. 非線形フィルタを組み合わせたフィルタ   *181*
    5. 非線形適応フィルタ   *181*
    6. 信号の構造に着目した非線形信号処理   *181*

理解度チェック ……………………………………………………………………… 182

第10章 エピローグ

10.1 この本のまとめ …………………………………………………………… 184

10.2 より詳しく学びたい読者のために ……………………………………… 186

付 録 ……………………………………………………………………………… 187
    A.1 信号波形解析の基礎   *187*
    A.2 確率の基礎   *193*
    A.3 因果性をみたすウィナーフィルタの導出   *197*

理解度チェックの解説 ……………………………………………………………… 203
索 引 ……………………………………………………………………………… 212

0

プロローグ

概　要

本書では，不規則信号の扱い方と統計的信号処理フィルタについて学ぶ。

まずは，信号処理の例を挙げて，信号処理にはさまざまな形があること，この教科書ではそのうち信号の特徴解析とフィルタ処理に焦点をあてることを述べて本書の導入とする。

あわせて，本書がどのような構成になっているかを示して，その学び方を解説する。

0.1 信号処理とは

本書では信号処理の基礎を学ぶ。信号処理とは，信号が与えられたときに，その信号に何らかの操作を加えて活用することである。信号処理は，医療・生体工学，音声工学，画像工学，通信工学，計測・制御工学，ロボット工学，さらには気象処理，地震波処理などに幅広く応用されている。

1. 例を挙げると

頭皮に電極をつけると図 0.1 のような脳波が観測される。この脳波にはさまざまな情報が含まれている。脳波を処理すれば，脳の異常な活動が見つかるかもしれない。睡眠時の脳波であれば，睡眠の深さを知ることもできる。

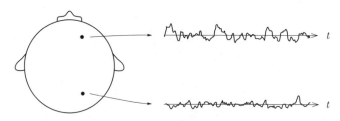

図 0.1　脳波信号

複数の電極をつけることによって，同時に複数の信号を観測することもできる。そのとき，それらの関係がどうなっているかが気になる。さらには信号から何か情報を得ようとするとき，与えられた信号には望ましくない成分，例えば雑音が含まれているかもしれない。それはあらかじめ取り除いておきたい。このように，信号の関係を調べたり，雑音を除いたりすることも信号処理によって可能になる。

音声を扱う分野でも，信号処理は中心的な役割を果たす。例えばマイクに向かって"アー"と発声すると，マイクには図 0.2（a）に示した波形の電流が流れる。これを繰り返したときにまったく同じ波形が観測されることはない。

しかし一方で，その電流をスピーカーで聞くと，どれも"アー"と聞こえる。同じように"アー"と聞こえるからには，波形のどこかに共通の特徴があるはずである。その共通の特徴は，"イー"と聞こえる音声波形の図（b）とは違う。どこが違うのであろうか。それがわかれば，音声の認識が可能になる。

さらには，その特徴を用いて音声の生成モデルをつくれば，人の耳には同じように聞こえ

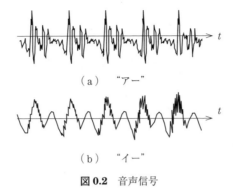

（a）"アー"

（b）"イー"

図 0.2 音声信号

る音声を人工的に合成することも可能になるかもしれない．信号処理は，こうして信号の認識や合成も可能とする．

2. 信号処理のさまざまな形

このように，信号処理にはさまざまな形がある．これをおおまかにまとめると次のようになる．

（1） 信号の特徴解析

信号から，それを特徴づけているパラメータを抽出すること．これは以下に述べるすべての信号処理の基本となる．

（2） 信号のフィルタ処理

信号に望ましくない成分が含まれているときに，そこから望ましい成分のみを抽出あるいは強調すること．逆にいえば望ましくない成分を取り除くこと．これは信号のフィルタ処理と呼ばれる．

（3） 信号の認識

信号が特定の情報を担っているとき，信号を分析することによって，その担っている情報を認識すること．音声認識では，音声から言語情報を認識する．信号のパターンに基づいて認識するときはパターン認識とも呼ばれる．コンピュータによって人の視覚機能を実現することを目的とするときは，コンピュータビジョン（computer vision，略して CV）と呼ぶこともある．

（4） 信号の合成

信号の特徴を分析することによって，新たに同じ特徴を持つ信号を合成すること．例えば音声合成は，言語情報からそれを人が発声したと同じ音声信号を合成する．新たな画像をコンピュータで合成することは，コンピュータグラフィックス（computer graphics，略してCG）と呼ばれている．

（5） 信号の符号化

信号を伝送あるいは記録することを目的として，それに適した形に信号を変換して記述すること。伝送するときは記述によってデータ量が少なくなることが望ましく，その場合は情報圧縮符号化と呼ばれる。記録するときもデータ量が少ないことが望ましいが，データベースの検索や活用に便利なように信号を記述することも広義の符号化である。

信号処理は広く解釈すると，このようにさまざまな形があるが，本書では，このうち（1）の信号の特徴解析と（2）の信号のフィルタ処理を中心に解説している。（3）〜（5）の信号の認識，合成，符号化については，それぞれの専門書を参照していただきたい。そこでも（1）と（2）の狭い意味での信号処理が重要な役割を果たしていることはいうまでもない。

なお，このような信号のフィルタ処理，認識，合成，符号化は，それぞれ**図 0.3**のように特徴づけることができる。フィルタ処理は，信号を入力して処理した結果を信号として出力する。これに対して認識は，信号を処理してそれを記述することが目的となる。反対に合成は記述から出発して信号を出力する。そして，符号化は信号の再生を目的とした信号の記述である。

以上は信号そのものに着目した処理であるが，制御工学の分野では信号よりもシステムの挙動を問題とする。そのシステムの挙動は信号として観測されるので，そこでも信号処理が重要な役割を果たす（**図 0.4**）。実際に，制御工学が信号処理の発展に向けて果たした貢献に

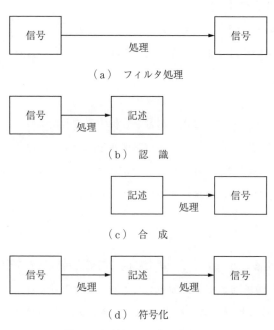

図 0.3　信号処理のさまざまな形

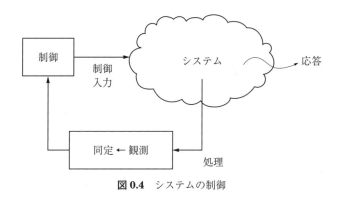

図 0.4 システムの制御

は多大なものがある。例えばシステムの状態を推定するために提案されたカルマンフィルタ（本書では第 6 章で解説する）は，信号処理の基本手法となっている。

0.2 この本の構成

本書で対象とするのは不規則信号である。本書の冒頭に，本書の全体構成を示しておいた。必要に応じて参照していただきたい。

まずは前半で，不規則信号とは何であるかを定義して，その基本的な扱い方を学ぶ。

先に例として挙げた脳波や音声信号は，条件を同じにして繰り返し観測しても，まったく同じ波形が観測されることはない。このように観測のたびごとに変動する信号は不規則信号と呼ばれる。自然界には不規則信号が多い。

本書の前半では，不規則信号の基礎となる考え方を整理して，スペクトル解析を中心に不規則信号の代表的な解析手法を学ぶ。すなわち

- 第 1 章「**不規則信号の基礎**」では，信号の定常性やエルゴード性，各種の統計量など，信号を処理するために必要となる不規則信号の基礎概念を学ぶ。
- 第 2 章「**相関関数とスペクトル**」では，時間領域で解析する相関関数と周波数領域で解析するスペクトルを定義して，両者が密接な関係にあることを知る。
- 第 3 章「**スペクトル推定**」では，実際にスペクトルを推定するときは，さまざまな手法があること，そしてそれぞれに特有の工夫があることを学ぶ。
- 第 4 章「**信号のベクトル表現とその扱い**」では，信号をまとめてベクトルとして扱うことを学ぶ。これはカルマンフィルタなどの信号処理手法を設計するときの基礎となる。

本書の後半は，不規則信号のフィルタ処理を学ぶ。例えば信号に雑音が含まれているときは，何とかその雑音を取り除いて信号をきれいにしたくなる。このとき信号と雑音について，それぞれの特徴となる性質を調べることができれば，その性質の違いに着目して，両者を分離するフィルタを実現できるかもしれない。さらには，その信号の未来の振る舞いを予測するフィルタも設計できるかもしれない。本書の後半では，そのようなフィルタを設計するときの基礎的な考え方を学ぶ。すなわち

- ・第5章「**ウィナーフィルタ**」では，まずはフィルタによる信号の推定問題を定式化して，これを周波数領域で実現するウィナーフィルタについて学ぶ。
- ・第6章「**カルマンフィルタ**」では，時間軸で最適な推定を行うカルマンフィルタについて，その考え方を中心に学ぶ。
- ・第7章「**線形予測理論と格子型フィルタ**」では，線形予測理論の美しい体系を学び，これがスペクトル推定や音声処理の分野で有力なツールとなっていることを知る。
- ・第8章「**適応フィルタとアルゴリズム**」では，環境に対して固定的でなく，変動する環境に追随する適応フィルタを紹介し，その適応アルゴリズムについて学ぶ。

そして最後の第9章が「**非線形信号処理フィルタ**」である。第8章まではすべて線形的な信号処理を仮定していたが，これを非線形化することにより，特徴あるフィルタ処理が可能になることを学ぶ。

不規則信号の基礎

概　要

　本書の準備として，まずは不規則信号の定義から始まって，その基礎となる概念を学ぶ。不規則信号には共通の統計的性質があり，それは結合確率密度関数とそれを特徴づける統計量によって記述される。

　また定常信号を定義して，そこでは集合平均に代わって時間平均でも統計量を推定できること，エルゴード信号ならば両者は一致することなどを学ぶ。

1.1 不規則信号と確率統計現象

不規則信号（random signal）とは，観測される信号波形が，観測のたびに異なって確率的にしか定まらない信号をいう．

1. ランダムに見えても規則性がある

確率を説明するときに，よく例として出されるのがサイコロである．サイコロを振ったときにいつも同じ目が出るとは限らない．しかし，何度もサイコロを振ると，ある特定の目が出る割合は次第に 1/6 に近づく．これは目の種類が 6 通りあって，何も細工をしていないサイコロに共通の性質である．このようにサイコロを振って出る目はそのたびに異なるけれども，全体として見ると一定の規則性がある．

別の例を示そう．**図 1.1** に示す箱に，色がついた数多くのボールが入っている．外からはボールが見えない．色が 7 色であることがわかっているけれども，それぞれの色のボールがどのような割合で箱に入っているかはわからない．一つずつボールを取り出してその割合を調べたい．このときも数多くボールを箱から取り出せば，7 色の色ごとにその割合を定まった数値として調べることができる．

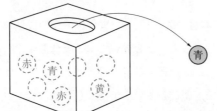

図 1.1 色のついたボールを箱から取り出す

次のような例もある．体温を測りたい．体温計で測るたびに値が微妙に変わるけれども，例えばインフルエンザにかかっているときと健康なときとでは，明らかに体温計の値が違う．その違いはそれぞれの規則性を調べればわかる．

2. 試行と事象，標本空間，そして確率

確率論では，ボールを取り出したり体温を測ったりする操作を**試行**（trial）という．試行の結果として観測されたボールの色や体温の数値を**事象**（event）という．そして起こり得るすべての事象の集合を**標本空間**（sample space）あるいは**確率集合**（ensemble）という．

標本空間はいわばすべての事象が入っている箱のようなものである．箱に入っている要素

を**標本点**（sample point）という。厳密にいうと，事象はこの標本点一つだけで定義しても
よいし，複数個の標本点の集まりを事象としてもよい。一つも標本点を含まない事象は**空事
象**（null event）と呼ばれる。

　事象に対しては，その事象がどのような割合で生じたかを示す**確率**（probability）が定義
される。例えば，ボールの例では赤の確率$P(赤)$，青の確率$P(青)$，…である。

　確率には次の性質がある。

1)　任意の事象Aについて，$0 \leqq P(A) \leqq 1$

2)　すべての事象の集合である標本空間Sの確率は1，すなわち$P(S) = 1$

3)　AとBが，たがいに一方が起これば他方は起こらない事象（排反事象という）である
　　とき，$P(A または B) = P(A) + P(B)$

この三つの条件を確率の公理と呼ぶこともある。確率論ではこれをみたすものを確率として
理論展開される。

3.　確率統計現象

　変動がなく何度観測しても必ず同じ結果となる現象もある。例えば惑星などの天体の運動
はあいまいさがなく，例えば1 000年後の振る舞いも完全に予測できる。このような現象は
確定現象（deterministic phenomena）と呼ばれる。

　これに対して例えば気候は，明日の天気であっても完全には予測できない。このように確
定現象ではなく，何らかの不規則性をともなう現象を**不確定現象**（nondeterministic phe-
nomena）という。不確定現象であっても，確率集合全体で見ると規則性があるものが多く，
数多く観測して統計をとるとその規則性を導くことができる。このような統計的規則性を持
つ不確定現象は**確率統計現象**（stochastic phenomena）と呼ばれる。本書では確率統計現象
を扱う。

4.　不規則変数

　確率統計現象において事象が数値で表されるとき，その確率統計現象から観測される事象
を**不規則変数**（random variable）あるいは**確率変数**（stochastic variable）という。上で挙げ
た例では，ボールの色は数値ではないので不規則変数ではない。これに対して体温は数値な
ので不規則変数である。サイコロは，その目の数字を単なる記号ではなく数値とみなせば不
規則変数になる。不規則変数は，**図 1.2**（a）に示すように箱の中に数値が入っているとみ
なすこともできる。

　不規則変数では，得られた数値に対していろいろな処理ができる。例えばその数値の平均
を求めることができる。すなわち，数値x_iがK種類（$i = 1, 2, \cdots, K$）あるとして，これをN

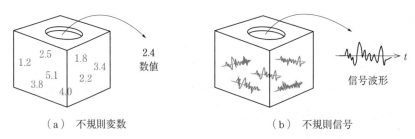

(a) 不規則変数　　　　　　　(b) 不規則信号

図 1.2　不規則変数と不規則信号

回試行して得られるそれぞれの回数を n_i とすると，平均 $\bar{x}$ は次式で与えられる．

$$\bar{x} = \frac{n_1 x_1 + n_2 x_2 + \cdots + n_K x_K}{N} = \sum_{i=1}^{K} x_i \left(\frac{n_i}{N}\right) \tag{1.1}$$

ここで，割合 n_i/N は，数多くの試行を繰り返すとそれぞれ一定値に収束することが期待される．これを確率の記号を用いて $p(i)$ とすると，式(1.1)は次のようになる．

$$\bar{x} = \sum_{i=1}^{K} x_i p(i) \tag{1.2}$$

こうして，不規則変数の平均値が計算される．

不規則変数の事象の数値の種類が有限ではなく，例えばすべての実数で定義されている場合は，$-\infty < x < \infty$ に対して $p(x)$ が定義されて，平均値は次のようになる．

$$\bar{x} = \int_{-\infty}^{\infty} x p(x) dx \tag{1.3}$$

ここに $p(x)$ は**確率密度関数** (probability density function) と呼ばれるもので次の性質をみたす．

(1)　$0 \leq p(x) \leq 1$ \hfill (1.4)

(2)　$\int_{-\infty}^{\infty} p(x) dx = 1$ \hfill (1.5)

式(1.3)の形で表現された平均値は**期待値** (expectation) とも呼ばれる．この平均のとり方は，後に述べるように**集合平均** (ensemble average) と呼ばれ，expectation の頭文字 E を使って，$E[\cdot]$ と記す．すなわち

$$E[x] = \int_{-\infty}^{\infty} x p(x) dx \tag{1.6}$$

一般に，式(1.6)のようにして平均を求めるときは，平均したい量に $p(x)$ を掛けて，x が存在する範囲で積分すればよい．例えば平均値との差の二乗の平均は

$$E[(x-\bar{x})^2] = \int_{-\infty}^{\infty} (x-\bar{x})^2 p(x) dx = \sigma^2 \tag{1.7}$$

で与えられ，不規則変数 x の**分散**（variance）と呼ばれる。またこの平方根 σ を**標準偏差**（standard deviation）という。

このような平均値や分散は，確率密度関数を特徴づけるもので**統計量**（statistic）と呼ばれる。平均値は一次の統計量，分散は二次の統計量である。これより高次の統計量も定義できるが，例えば $p(x)$ が**図 1.3** に示すガウス分布（正規分布ともいう）の場合は，一次の統計量 $\bar{x}$ と二次の統計量 σ^2 だけで

$$p(x) = \frac{1}{\sqrt{2\pi\sigma^2}}\, e^{-\frac{1}{2}\cdot\frac{(x-\bar{x})^2}{\sigma^2}} \tag{1.8}$$

と記述できるので，高次の統計量は不要になる。

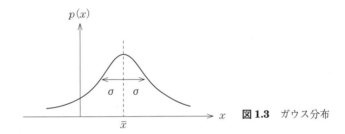

図 1.3　ガウス分布

5. 不規則信号

以上の準備のもとに本書で扱う不規則信号を次のように定義しよう。

定義 1.1（不規則信号）

不規則信号とは，確率統計現象において観測される事象が時間波形 $x(t)$ として与えられているものである。

これは図 1.2（b）のように，箱にいろいろな時間波形 $x_i(t)$ が入っていて，この時間波形を事象として観測のたびに取り出す操作であると考えてもよい。不規則信号では，標本空間（確率集合）の標本点に相当する個々の観測信号を**標本信号**あるいは**見本信号**（sample signal）という。

不規則信号はそれぞれの時点の信号値は数値として与えられるから，不規則信号に対しても確率密度関数が定義される。さらには平均値や分散などさまざまな統計量と呼ばれているものが定義できる。

ここで，t_1 の時点で $x(t_1) = x_1$ となる確率密度関数を $p_1(x_1; t_1)$ と記すことにする。このとき，t_1 時点における $x(t_1)$ の平均値（期待値）は

$$E[x(t_1)] = \int_{-\infty}^{\infty} x_1 p_1(x_1; t_1) dx_1 \tag{1.9}$$

となる。この平均値を $\bar{x}_1$ とすると，$x(t_1)$ の分散は

$$E[(x(t_1) - \bar{x}_1)^2] = \int_{-\infty}^{\infty} (x_1 - \bar{x}_1)^2 p_1(x_1; t_1) dx_1 \tag{1.10}$$

で与えられる。

さらには，異なる二つの時点 t_1，t_2 の結合確率密度関数

$$p_2(x_1; t_1, x_2; t_2)$$

を用いて共分散関数

$$E[(x(t_1) - \bar{x}_1)(x(t_2) - \bar{x}_2)]$$

$$= \int_{-\infty}^{\infty} \int_{-\infty}^{\infty} (x_1 - \bar{x}_1)(x_2 - \bar{x}_2) p_2(x_1; t_1, x_2; t_2) dx_1 dx_2 \tag{1.11}$$

も定義することができる。

次節以降では，このような不規則信号の統計的性質をより詳しく説明する。すなわち

1) 不規則信号の確率分布として，有限次元分布とも呼ばれる結合確率密度関数を定義する（1.2 節）。

2) この確率密度関数が時間をずらしても不変である信号として定常信号を定義する。定常性には確率密度関数そのものが時間に依存せずに不変である強定常と，一次と二次の統計量だけが不変であればよい弱定常がある（1.3 節）。

3) 定常信号に対しては集合平均に加えて時間平均もあることを示し，それぞれに基づいて，確率密度関数を特徴づける統計量を定義する（1.4 節）。

4) 最後に集合平均と時間平均が一致する信号としてエルゴード信号を定義する（1.5 節）。

もし読者が，すでにこのような不規則信号の基礎概念をそれなりに理解しているようであれば，ここからただちに第 2 章「相関関数とスペクトル」に進んで，必要に応じて次節以降を参照していただいても差し支えない。

なお，このように不規則信号を扱うときは，平均をとる前段階として観測された信号波形そのものを解析して，その特徴量を抽出することが行われる。そのときフーリエ変換などの信号波形解析の手法が用いられる。これについては付録 A.1 に「信号波形解析の基礎」と題してまとめておいたので，必要であれば参照していただきたい。あるいは本書の姉妹書である，拙著『信号解析教科書―信号とシステム―』（コロナ社）に詳しい解説があるので，そこでもう一度復習していただいてもよい。

1.2 確率密度関数（有限次元分布）

不規則信号は確率的に生じるから，完全に同じ波形が再び観測されるとは限らない。したがってたまたま観測された信号そのものの性質を詳しく調べても意味はない。むしろ，同じ条件で何度も観測したときに，その観測信号全体に共通する性質を探ることが重要である。この共通する性質を，不規則信号の**統計的性質**（statistical properties）という。この統計的性質の基本となるのが，確率密度関数である。

なお，確率の基礎について復習したい読者のために，付録 A.2 に「確率の基礎」と題して，その概要をまとめておいたので，必要に応じて参照していただきたい。

1. 確率密度関数とは

時間的に連続する不規則信号 $x(t)$ の確率分布（確率密度関数）はどのように記述されるのであろうか。これは複数の時点（m 個の時点）$t_1,\ t_2,\ \cdots,\ t_m$ で，それぞれ信号値が特定の値 $x_1,\ x_2,\ \cdots,\ x_m$ になる確率で定義される。

例えば，$m=1$ の場合は，時点 t_1 で信号値が x_1 になる確率密度関数は次のように定義される。すなわち，**図 1.4** に示すように，信号が $t=t_1$ の時点で，信号値が微小区間 $x_1 \leqq x(t_1) < x_1 + \Delta x_1$ の範囲に入る確率を用いて

$$p_1(x_1;t_1) = \lim_{\Delta x_1 \to 0} \frac{1}{\Delta x_1} \mathrm{Prob}\{x_1 \leqq x(t_1) < x_1 + \Delta x_1\} \tag{1.12}$$

となる。

一般に，時点 $t_1,\ t_2,\ \cdots,\ t_m$ で，信号値が同時にそれぞれ $x_1,\ x_2,\ \cdots,\ x_m$ となる m 次の確率密度関数は

$$p_m(x_1;t_1, x_2;t_2, \cdots, x_m;t_m)$$

$$= \lim_{\Delta x_1, \Delta x_2, \cdots, \Delta x_m \to 0} \frac{1}{\Delta x_1 \Delta x_2 \cdots \Delta x_m}$$

$$\times \mathrm{Prob}\{x_1 \leqq x(t_1) < x_1 + \Delta x_1, x_2 \leqq x(t_2) < x_2 + \Delta x_2, \cdots, x_m \leqq x(t_m) < x_m + \Delta x_m\}$$

$$\tag{1.13}$$

と記される。

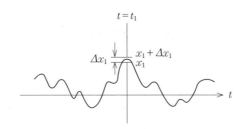

(a) 一次確率密度関数

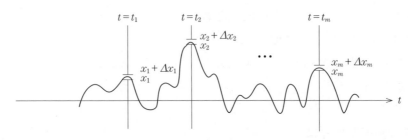

(b) m 次確率密度関数

図 1.4 確率密度関数の定義

2. 有限次元分布

不規則信号は連続な時間に関して定義されているので，すべての時点を考慮しようとすると無限個の時点の信号値を考えなければならない。しかしそれは困難であるので，不規則信号の理論では少しまわりくどいようであるが次のように表現することもある。

> 不規則信号 $x(t)$ が与えられたときに，任意の整数 m を考え，その m 個の任意の時点 t_1, t_2, $\cdots$, t_m の信号値がそれぞれ x_1, x_2, $\cdots$, x_m となる m 次の結合確率密度関数を，その不規則信号の**有限次元分布**（finite-dimensional distributions）という。

このように任意の整数値 m を考えることにより，m が無限大の場合も含めて確率密度関数を定義している。不規則信号を理論的に扱うときは，不規則信号の統計的性質が，この有限次元分布ですべて記述されるとするのである。

1.3 定常信号と非定常信号

1. 定常信号

図 **1.5** を見ていただきたい。図（a）は"アー"と発声したときの音声波形，図（b）は地震波である。この二つの波形は明らかに違う。その最も大きな違いは，音声波形は似たような性質を持つ波形が続いていて，時間をずらしてもその統計的性質は変化しないように見える（必ずしも周期的でなくてよい）。地震波はそうではない。地震波はどの時点で地震が起きたかが重要で，時間をずらしたら統計的性質はまったく違ってしまう。

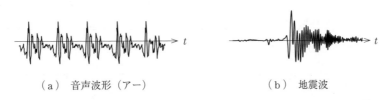

（a）音声波形（アー）　　　　（b）地震波

図 1.5　音声波形と地震波

一般に統計的性質が時間によらず一定であるとき，その信号は定常的であるという。定常的な信号を**定常信号**（stationary signal）と呼ぶ。これに対して定常的ではない信号，すなわち統計的性質が観測時点によって異なる信号を**非定常信号**（nonstationary signal）と呼ぶ。

厳密にはすべての時点で完全に定常的な信号はない。例えば図 1.5（a）の音声波形も，"アー"と長く発声しているときは，定常に近い信号が観測されるけれども，これがいつまでも続くわけではない。しかし少なくとも観測している時間範囲で定常であるとみなすことができれば，これを定常信号とするのである。ただし，理論では $-\infty \sim \infty$ の範囲で定常であると仮定する。

もう一つ問題がある。前節で紹介したように統計的性質（統計量）は数多くある。そのすべての性質が時間に依存せずに変化しないことを条件とするか，あるいはその一部の性質だけでいいのか，それによって定常信号の定義が違ってしまう。

2. 強定常と弱定常

不規則信号の確率密度関数そのものが時間をずらしても形が変わらないときは，それを特徴づけるすべての統計量が時間をずらしても変化しない。このような信号を**強定常信号**（strictly stationary signal）という。

16   1. 不規則信号の基礎

定義 1.2（強定常）

 結合確率密度関数（有限次元分布）が時間をずらしても不変であるとき，すなわち任意の $\tau(-\infty<\tau<\infty)$ に対して

$$p_m(x_1;t_1, x_2;t_2, \cdots, x_m;t_m)$$
$$=p_m(x_1;t_1+\tau, x_2;t_2+\tau, \cdots, x_m;t_m+\tau) \tag{1.14}$$

であるとき，この不規則信号は強定常であると呼ばれる。

強定常な信号では，確率密度関数およびすべての統計量は絶対的な時点 t_1, t_2, $\cdots$, t_m に関係しない。したがって，複数の時点を考えるときは，相互の時間差のみの関数となる。

 これに対して，すべての統計量でなく，少なくとも式(1.9)で定義された平均値と，式(1.11)で定義された共分散関数が絶対的な時点に依存しないとき，その信号は**弱定常信号**（weakly stationary signal）と呼ばれる。厳密にはこれは次のように定義される。

定義 1.3（弱定常）

 $E[x(t)^2]<\infty$ となる条件のもとで

  平均値 $E[x(t)]$ が時間によらず一定値（$=\bar{x}$ とする）

  共分散 $E[(x(t)-\bar{x})(x(t+\tau)-\bar{x})]$ が時間差 τ のみの関数

であるとき，この不規則信号は弱定常であると呼ばれる。

 信号の平均と共分散を中心に信号解析を行うときは，強定常であることは必要なく，より条件が緩やかな弱定常性のみを仮定することができる。なお，ガウス信号（分布がガウス分布である信号）のときは，その分布が平均と共分散のみで記述されるので，弱定常信号と強定常信号は一致する。

1.4 不規則信号の統計量

不規則信号の結合確率密度関数（有限次元分布）

$$p_m(x_1;t_1,x_2;t_2,\cdots,x_m;t_m)$$

を特徴づけるパラメータ（変数）が，**統計量**である。

結合確率密度関数そのものを直接推定することは，限られた観測信号からは困難であるので，実際の信号解析ではこれに代わって統計量を推定することが多い。

1. 集合平均と時間平均

統計量を推定するときは，観測された信号の平均をとる操作が必須となる。例えば平均値 $\bar{x}$ は信号 x を，分散 σ^2 は $(x-\bar{x})^2$ を平均することにより求められる。この平均は，**図1.6** のように，同じ条件で数多くの信号を観測することにより求められる。観測されたそれぞれの信号を $x_i(t)$ とすると，例えば時点 t での平均値は

$$E[x(t)] = \lim_{N\to\infty}\frac{1}{N}\sum_{i=1}^{N}x_i(t) \tag{1.15}$$

これは元となっている確率集合全体の平均をとるという意味で，**集合平均**と呼ばれる。集合平均は $E[\,\cdot\,]$ の記号で記す。

これに対して，定常信号の場合は，次のようにして平均を求めることができる。すなわち，定常信号ではその統計的性質が時間とともに変化しないから，長時間の信号が一つ観測

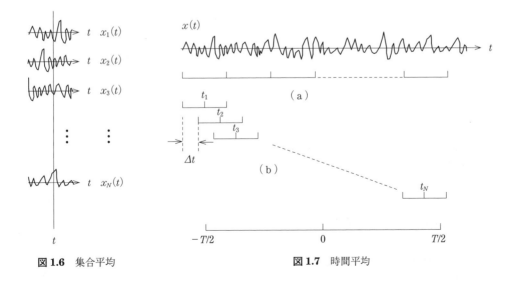

図1.6　集合平均　　　　　　　図1.7　時間平均

されたときは，**図1.7**（a）に示すように，これをブロックに区切ることによって，見かけ上数多くの観測信号を作り出すことができる。これを平均して統計量を求めればよい。

ブロックは図（b）のように，たがいに重複して区切ってもよい。このようにすれば与えられた一つの定常信号から数多くの観測信号を作り出すことができる。例えば，このそれぞれのブロックの特定の時点 t_i にある信号値 $x(t_i)$ の平均は次式で求められる。

$$\frac{1}{N}\sum_{i=1}^{N}x(t_i)$$

ここで，ブロックは Δt きざみで移動させるものとすると，それぞれのブロックにある時点 t_i も Δt きざみで移動する。この移動範囲を区間 T（$-T/2 \sim T/2$ とする）とすると，Δt きざみの t_i は $T/\Delta t = N$ 個とれる。したがって，$1/N = \Delta t/T$ を上式に代入して，Δt を限りなく 0 に近づけると

$$\frac{1}{N}\sum_{i=1}^{N}x(t_i) = \frac{1}{T}\sum_{i=1}^{N}x(t_i)\Delta t \xrightarrow[\Delta t \to 0]{} \frac{1}{T}\int_{-T/2}^{T/2}x(t)\,dt \tag{1.16}$$

最後に $T \to \infty$ として，これを $\langle x(t) \rangle$ と記すと

$$\langle x(t) \rangle = \lim_{T \to \infty}\frac{1}{T}\int_{-T/2}^{T/2}x(t)\,dt \tag{1.17}$$

となる。式(1.17)は $x(t)$ を時間的にずらして平均をとる形になっており，これを $x(t)$ の**時間平均**（time average）という。時間平均で求めた平均値は，もともと定常であるから定数 m となる。

このように平均には集合平均と時間平均がある。本書ではここで述べたように，集合平均の記号として $E[\,\cdot\,]$ を，時間平均の記号として $\langle\,\cdot\,\rangle$ を用いることとする。特に両者を区別しないときは，例えば

$$\bar{x}$$

という記号で表示することもある。

2. 統計量

この集合平均と時間平均に基づいて，不規則信号の結合確率密度関数（有限次元分布）を特徴づけるさまざまな統計量が定義される。以下，代表的な統計量をまとめて示そう。

（1）平均値
まずは平均値がある。

$$\text{集合平均値}：E[x(t)] = \int_{-\infty}^{\infty}x\,p_1(x;t)\,dx \tag{1.18}$$

$$\text{時間平均値}：\langle x(t) \rangle = \lim_{T \to \infty}\frac{1}{T}\int_{-T/2}^{T/2}x(t)\,dt \tag{1.19}$$

（2） 二乗平均値

二乗平均値は，信号そのものの二乗を平均した統計量と，平均値を差し引いて二乗した統計量がある。前者は

集合二乗平均値：$E[x(t)^2] = \displaystyle\int_{-\infty}^{\infty} x^2 p_1(x;t)\,dx$　　　　　　　　　　　　　(1.20)

時間二乗平均値：$\langle x(t)^2 \rangle = \displaystyle\lim_{T \to \infty} \frac{1}{T} \int_{-T/2}^{T/2} x(t)^2\,dt$　　　　　　　　　(1.21)

で定義され，原点のまわりの二乗平均値とも呼ばれる。

後者は平均値 $\bar{x}$ のまわりの二乗平均値であり，分散に相当する。これは次式で定義される。

平均値のまわりの集合二乗平均値：$E[(x(t) - \bar{x})^2] = \displaystyle\int_{-\infty}^{\infty} (x - \bar{x})^2 p_1(x;t)\,dx$　　(1.22)

平均値のまわりの時間二乗平均値：$\langle (x(t) - \bar{x})^2 \rangle = \displaystyle\lim_{T \to \infty} \frac{1}{T} \int_{-T/2}^{T/2} (x(t) - \bar{x})^2\,dt$　　(1.23)

集合平均で定義された平均値と二乗平均値は，非定常信号であってもよく，その場合は時点 t に依存する。これに対して時間平均で定義された平均値と二乗平均値は，定常信号を仮定しているので定数である。

（3） モーメント関数/相関関数

平均値と二乗平均値は一つの時点の統計量であったが，複数の時点の信号値の関係を表す統計量もある。

まずは一つの信号を対象に，その複数の時点での信号値の関係を表す統計量として，集合平均に対して二次結合モーメント関数，時間平均に対して自己相関関数が定義される。

二次結合モーメント関数：$E[x(t_1)x(t_2)] = \displaystyle\int_{-\infty}^{\infty}\int_{-\infty}^{\infty} x_1 x_2 p_2(x_1;t_1, x_2;t_2)\,dx_1 dx_2$　(1.24)

自己相関関数：$\langle x(t_1)x(t_2) \rangle = \displaystyle\lim_{T \to \infty} \frac{1}{T}\int_{-T/2}^{T/2} x(t)x(t+\tau)\,dt$　　　　(1.25)

ただし，$\tau = t_2 - t_1$

自己相関関数は，定常信号を仮定しているので時間差 τ のみの関数となる。

また，二つの信号 $x(t)$ と $y(t)$ の関係を示す統計量として，相互モーメント関数と相互相関関数が定義される。

二次相互モーメント関数：$E[x(t_1)y(t_2)] = \displaystyle\int_{-\infty}^{\infty}\int_{-\infty}^{\infty} x_1 y_2 p_2(x_1;t_1, y_2;t_2)\,dx_1 dy_2$　(1.26)

相互相関関数：$\langle x(t_1)y(t_2)\rangle = \lim_{T\to\infty}\dfrac{1}{T}\displaystyle\int_{-T/2}^{T/2}x(t)y(t+\tau)\,dt$ (1.27)

ただし，$\tau = t_2 - t_1$

相互相関関数も時間差 τ のみの関数になる。

これらはいずれも原点（$x=0$）を基準とした信号値そのものを対象とするもので，それぞれ原点のまわりのモーメント関数，原点のまわりの相関関数と呼ばれることがある。

（4）　共分散関数

これに対して，信号からあらかじめ平均値を除いて，平均値のまわりのモーメント関数，平均値のまわりの相関関数に相当するものを定義することもできる。これは共分散関数と呼ばれている。ここでは集合平均のみを示すと

自己共分散関数：

$$E[(x(t_1)-\bar{x}_1)(x(t_2)-\bar{x}_2)] = \int_{-\infty}^{\infty}\int_{-\infty}^{\infty}(x_1-\bar{x}_1)(x_2-\bar{x}_2)p_2(x_1;t_1,x_2;t_2)\,dx_1dx_2 \quad (1.28)$$

相互共分散関数：

$$E[(x(t_1)-\bar{x}_1)(y(t_2)-\bar{y}_2)] = \int_{-\infty}^{\infty}\int_{-\infty}^{\infty}(x_1-\bar{x}_1)(y_2-\bar{y}_2)p_2(x_1;t_1,y_2;t_2)\,dx_1dy_2 \quad (1.29)$$

となる。時間平均の場合も同じように定義される。

上記の統計量で，（1）の平均値は**一次統計量**と呼ばれている。また（2）以降の二乗平均値，モーメント関数/相関関数，共分散関数などはいずれも**二次統計量**として分類されている。これらはさらに高次の統計量に拡張される。例えば，二次結合モーメント関数を拡張すると

$$\int_{-\infty}^{\infty}\int_{-\infty}^{\infty}x_1^l x_2^n p_2(x_1;t_1,x_2;t_2)\,dx_1dx_2$$

となり，これは $l+n$ 次の統計量となる。さらに一般化すると

$$\int_{-\infty}^{\infty}\int_{-\infty}^{\infty}\cdots\int_{-\infty}^{\infty}x_1^{l_1}x_2^{l_2}\cdots x_m^{l_m}p_m(x_1;t_1,x_2;t_2,\cdots,x_m;t_m)\,dx_1dx_2\cdots dx_m$$

は $l_1+l_2+\cdots+l_m$ 次の統計量である。

表1.1 はこれまで述べた代表的な一次統計量と二次統計量を表にまとめたものである。

3.　統計量について補足

不規則信号に対しては高次の統計量を定義することもできるが，実際に不規則信号を扱うときに統計量として登場するのはほとんどが一次と二次である。一次は分布の中心，二次は

表 1.1 不規則信号の代表的な一次統計量と二次統計量

		集合平均		時間平均（定常性を仮定）
一次統計量		集合平均値（期待値） $E[x(t)] = \int_{-\infty}^{\infty} x p_1(x;t)\,dx \ \ (=\bar{x})$		時間平均値 $\langle x(t) \rangle = \lim_{T \to \infty} \dfrac{1}{T} \int_{-T/2}^{T/2} x(t)\,dt = m$（定数）
二次統計量	二乗平均値	集合二乗平均値 $E[x(t)^2] = \int_{-\infty}^{\infty} x^2 p_1(x;t)\,dx$	二乗平均値	時間二乗平均値 $\langle x(t)^2 \rangle = \lim_{T \to \infty} \dfrac{1}{T} \int_{-T/2}^{T/2} x(t)^2\,dt$（定数）
		平均値のまわりの集合二乗平均値 $E[(x(t)-\bar{x})^2] = \int_{-\infty}^{\infty} (x(t)-\bar{x})^2 p_1(x;t)\,dx$		平均値のまわりの時間二乗平均値 $\langle (x(t)-\bar{x})^2 \rangle$ $= \lim_{T \to \infty} \dfrac{1}{T} \int_{-T/2}^{T/2} (x(t)-\bar{x})^2\,dt = \sigma^2$（定数）
	モーメント関数	二次結合モーメント関数 $E[x(t_1)x(t_2)]$ $= \int_{-\infty}^{\infty} \int_{-\infty}^{\infty} x_1 x_2 p_2(x_1;t_1,x_2;t_2)\,dx_1 dx_2$	相関関数	自己相関関数 $\langle x(t)x(t+\tau) \rangle = \lim_{T \to \infty} \dfrac{1}{T} \int_{-T/2}^{T/2} x(t)x(t+\tau)\,dt$ 時間差のみの関数
		二次相互モーメント関数 $E[x(t_1)y(t_2)]$ $= \int_{-\infty}^{\infty} \int_{-\infty}^{\infty} x_1 y_2 p_2(x_1;t_1,y_2;t_2)\,dx_1 dy_2$		相互相関関数 $\langle x(t)y(t+\tau) \rangle = \lim_{T \to \infty} \dfrac{1}{T} \int_{-T/2}^{T/2} x(t)y(t+\tau)\,dt$ 時間差のみの関数
	共分散関数	自己共分散関数（集合平均） $E[(x(t_1)-\bar{x}_1)(x(t_2)-\bar{x}_2)]$ $= \int_{-\infty}^{\infty} \int_{-\infty}^{\infty} (x_1-\bar{x}_1)(x_2-\bar{x}_2)$ $\cdot p_2(x_1;t_1,x_2;t_2)\,dx_1 dx_2$	共分散関数	自己共分散関数（時間平均） $\langle (x(t)-\bar{x})(x(t+\tau)-\bar{x}) \rangle$ $= \lim_{T \to \infty} \dfrac{1}{T} \int_{-T/2}^{T/2} (x(t)-\bar{x})(x(t+\tau)-\bar{x})\,dt$ 時間差のみの関数
		相互共分散関数（集合平均） $E[(x(t_1)-\bar{x}_1)(y(t_2)-\bar{y}_2)]$ $= \int_{-\infty}^{\infty} \int_{-\infty}^{\infty} (x_1-\bar{x}_1)(y_2-\bar{y}_2)$ $\cdot p_2(x_1;t_1,y_2;t_2)\,dx_1 dy_2$		相互共分散関数（時間平均） $\langle (x(t)-\bar{x})(y(t+\tau)-\bar{y}) \rangle$ $= \lim_{T \to \infty} \dfrac{1}{T} \int_{-T/2}^{T/2} (x(t)-\bar{x})(y(t+\tau)-\bar{y})\,dt$ 時間差のみの関数

分布の拡がり，あるいは変数間の関係を表す基本量として重要であり，しかも比較的推定がしやすい統計量であるからである。

　さらにいえば，代表的な確率分布であるガウス分布では，一次と二次の統計量のみで確率密度関数がすべて決まる。したがってガウス分布を仮定する限り，一次と二次の統計量のみに注目すれば，それで必要十分なのである。

　この二次の統計量の名称についても，少しだけ補足をしておこう。本節で述べたように，集合平均と時間平均で別々の名称の統計量が定義されているが，次節で述べるようにエルゴード性を持つ信号では集合平均と時間平均が一致する。その場合は例えばモーメント関数

と相関関数の区別がなくなり，代表して相関関数と呼ぶことがある。

また，相関関数は信号値そのまま，共分散関数は平均値のまわりの統計量として定義されているが，実際には不規則信号からあらかじめ平均値をとり除いて処理することが多い。その場合は相関関数と共分散関数は区別がなくなり，この場合も代表して相関関数と呼ぶことがしばしばある。

例えば第2章では，このような広い意味で相関関数の名称を使用している。

1.5 エルゴード性

前節までで述べたように不規則信号における平均操作には集合平均と時間平均がある。時間平均は定常信号に限定されるが，数多くの信号を観測する必要がなく，一つの信号を長時間（理論的には$-\infty \sim \infty$）観測することによって求められる。その意味では，一般に集合平均よりも時間平均のほうが扱いやすい。

ここで，果たして「時間平均＝集合平均」になるかという問題が残る。たまたま観測した一つの信号から集合全体の統計的性質が求まるかという問題である。もちろん定常性を仮定しても，それだけでは「時間平均＝集合平均」は保証されない。この等号が成り立つ特別な信号は**エルゴード信号**（ergodic signal）と呼ばれる。

エルゴード信号を理解するために，エルゴード的でない不規則信号の例を一つ示しておこう。少し特殊な例になってしまうかもしれないが，それは観測のたびに振幅1と振幅1/2の正弦波（周波数と位相は同じとする）が，確率1/2で得られるものである（**図1.8**）。

この不規則信号の確率集合は，振幅の分布によって特徴づけられるが，その分布は一つの観測信号の波形を調べても知ることはできない。ある特定の振幅を持つ観測信号（正弦波）しか得られていないからである。この例では一つの観測信号の時間平均を計算しても，それは

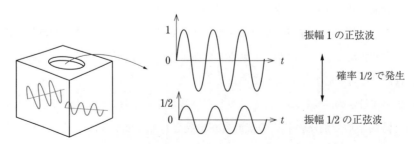

図1.8　確率1/2で振幅の異なる正弦波が観測される不規則信号

集合全体の平均とはならないことは自明である．したがってこれはエルゴード信号ではない．

もう少し厳密にエルゴード信号を説明するとつぎのようになる．まずエルゴード信号は強定常でなければならない．さらにはその真部分集合として性質が異なる複数個の強定常信号が含まれていてはならない．**図1.9**のように，真部分集合として強定常信号が複数含まれていると，たまたまそのうちの一つの定常信号を観測して時間平均をとっても，それとは異なる定常信号については何ら情報が得られないからである．

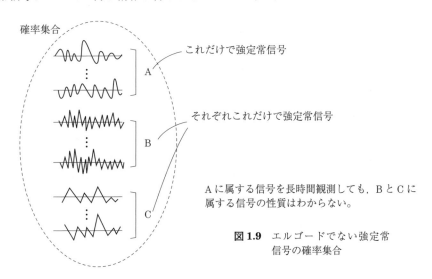

図1.9 エルゴードでない強定常信号の確率集合

ところが，不規則信号が与えられたときに，これがエルゴード信号であるかを検証することは実際には難しい．そこで，定常であればとりあえずエルゴード信号であると仮定して，その仮定のもとで集合平均でなく時間平均を計算することが多い．このように多くの物理統計現象がエルゴード性をみたすという仮説を**エルゴード仮説**（ergodic hypothesis）という．本書ではこの立場から，特に断らない限り，エルゴード信号を対象とする．

本章の最後に，不規則信号の定義について，少し補足しておこう．

図1.8で述べた例はやや奇妙に見えたかもしれない．それは観測された信号波形は正弦波であって，その波形そのものには何ら不規則性がないからである．もしかしたら読者は，不規則信号として，「信号波形そのものが時間的に不規則に変動している信号」をイメージしていたかもしれない．そのイメージはある程度正しいが，厳密には正確ではない．

本書では，不規則信号を「観測される信号波形が観測のたびに異なって，確率的にしか定まらない信号」として定義したので，図1.8の正弦波も不規則信号となる．しかしこれはエルゴード信号ではない．エルゴード信号であれば観測された一つの信号波形に確率集合のすべての統計的な性質が含まれているので，当然それは確率的に振る舞う．

したがって，エルゴード信号に限れば，不規則信号を「信号波形そのものが時間的に不規則に変動している信号」とイメージしてもさほど問題はない。

理解度チェック

1.1（誤りの指摘問題）

次の記述のうち誤っているものはどれか（複数あり得る）。誤っている記述それぞれに対して，その誤りを指摘してその理由を述べよ。

- A) 信号の確率分布がガウス分布であるとき，三次以上の統計量はすべて一次あるいは二次の統計量で記述できる。
- B) 不規則信号が弱定常であれば強定常である。
- C) 定常信号では，平均値も共分散関数も時間によらず一定値となる。
- D) 定常信号では集合平均と時間平均が必ず一致するが，非定常信号では必ずしもそうではない。

1.2（平均値，二乗平均値，分散）

(1) 不規則変数の平均値 $E[x]=\bar{x}$ と二乗平均値 $E[x^2]$ が与えられているとき，分散（平均値のまわりの二乗平均値）が
$$E[(x-\bar{x})^2] = E[x^2] - E[x]^2$$
で与えられることを示せ。

(2) 図 1.10 に示すような確率密度関数
$$p(x) = \begin{cases} e^{-x} & (x \geq 0) \\ 0 & (x < 0) \end{cases}$$
を持つ不規則変数 x の平均値，二乗平均値，分散を求めよ。

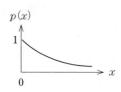

図 1.10 片側指数分布

2

相関関数とスペクトル

概　要

　不規則信号の統計的性質として重要なのは，二次統計量である。その代表として，相関関数と電力スペクトル密度がある。この両者にはきれいな体系があり，しかも密接に関係している。

　本章では，それぞれの定義を，その物理的な意味も含めて説明するとともに，線形システムの入出力の関係も含めて，その基本的な性質を明らかにする。

2.1 スペクトル解析

本章と次の第3章では，信号処理の代表的な手法である**スペクトル解析**（spectral analysis）について学ぶ。スペクトル解析は，不規則信号が与えられたときに，そこにどのような周波数成分が平均的に含まれているかを知るための手法である。例を示そう。

図 2.1 は脳波のスペクトル例である。この脳波は 10Hz 近辺のアルファ波帯域（8～13Hz）の成分が多い。アルファ波は閉眼，安静，覚醒した状態で観察される脳波である。

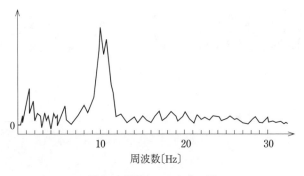

図 2.1 脳波のスペクトル例

図 2.2 は音声波形のスペクトルの例である（縦軸は対数軸になっている）。音声波形（特に母音）のスペクトルは，図のように細かい成分とおおまかな包絡成分からなることが多い。細かい成分は周期的な声帯音源波によるもので，男性は 150Hz 程度，女性は 250Hz から 300Hz 程度の基本周波数と高調波によって構成されている。一方の包絡成分は声道の形状に

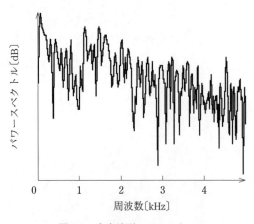

図 2.2 音声波形のスペクトル

よって決まるもので，これによって例えばどの母音が発声されたかがわかる。

　スペクトル解析は周波数軸上で行うものであるが，時間軸上の相関関数と密接な関係があることが知られている。この関係は次章でも述べるように，実際にスペクトルを推定するときも重要な役割を果たす。これを明らかにするために，本章ではまずは相関関数から説明を始めることにしよう。

2.2 相関の基礎

　不規則に変動する二つの信号波形 $x(t)$ と $y(t)$ が与えられたとき，この二つの信号が統計的にどの程度似ているかを調べる手法が相関関数である。

1. 2変数の相関

　まずは**相関**（correlation）とは何を意味するかを説明しよう。ここでは二つの変数（ばらついている数値）の相関を考える。

　例を示そう。ある学校のクラスで，生徒の身長と体重に関係があるかどうかを調べるために，**表 2.1** のようなデータを用意した。

表 2.1

生徒の番号	1	2	3	⋯	i	⋯	N
身長	x_1	x_2	x_3	⋯	x_i	⋯	x_N
体重	y_1	y_2	y_3	⋯	y_i	⋯	y_N

　この N 人分の（身長，体重）のデータを (x_i, y_i) として，これを座標とする点を x–y 平面状上に**図 2.3** のようにプロットする。こうして得られた図を**散布図**という。

　ここで，身長と体重の関係が図（a）のようになっていたら，これより「身長が高いほど，体重も重い傾向がある」ことがわかる。身長が高ければ必ず体重が重いわけではない。身長は高いのに体重はそれほど重くない人もいる。あくまでクラス全体で見るとその傾向があるということである。このとき身長と体重は**正の相関**があるという。

　身長と学力ではどうであろうか。図（b）を見ると関係がなさそうである。すなわち相関がない。これを**無相関**という。これに対して，ゲームをする時間と学力は，もしかしたら図（c）のような関係にあるかもしれない。すなわち「ゲームをする時間が長いほど学力は低い傾向がある」。このとき，ゲームをする時間と学力は**負の相関**があるという。

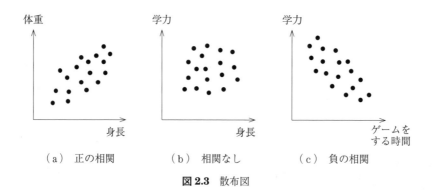

(a) 正の相関　　（b) 相関なし　　（c) 負の相関

図 2.3　散布図

この相関を定量的に数値として表してみよう．身長，体重，学力，ゲームをする時間のそれぞれの平均値を求めて，これを原点とする座標系を散布図の上に重ね合わせてみる．これを図 2.4 に示す．

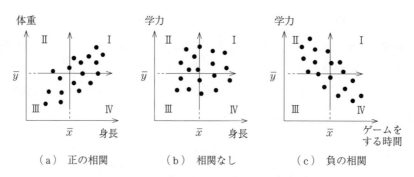

(a) 正の相関　　（b) 相関なし　　（c) 負の相関

図 2.4　平均値を原点とする新たな座標の導入

この新しい座標で，点がどの象限に含まれているか眺めてみよう．すると
- (a) は第一象限と第三象限に多く含まれ，第二象限と第四象限には少ない
- (b) はすべての象限にほぼ均等にばらまかれている
- (c) は第二象限と第四象限に多く含まれ，第一象限と第三象限には少ない

ことがわかる．

ここで，$\bar{x}$, $\bar{y}$ をそれぞれのデータの平均とすると，第一象限は $(x_i - \bar{x})$ と $(y_i - \bar{y})$ の符号がいずれも正で，この積をとると値は正となる．第三象限は $(x_i - \bar{x})$ と $(y_i - \bar{y})$ の符号がいずれも負になるから，積をとるとやはり正になる．これに対して，第二象限と第四象限では $(x_i - \bar{x})$ と $(y_i - \bar{y})$ の符号が異なるから，積をとると値は負になる．

これより，$(x_i - \bar{x})$ と $(y_i - \bar{y})$ の積をすべての点について計算して平均すれば，点がどの象限に多く含まれているかがわかり，相関を定量化できることが予想される．すなわち，これ

を σ_{xy} とすれば

$$\sigma_{xy} = \frac{1}{N} \sum_{i=1}^{N} (x_i - \bar{x})(y_i - \bar{y}) \tag{2.1}$$

2. 二つの時間波形の相関

これを，二つの時間波形の相関に拡張してみよう．**図2.5**に示すように，時間波形 $x(t)$ と $y(t)$ が与えられているとして，これを Δt 間隔で同時に標本化する．

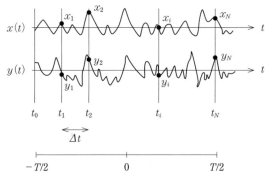

図2.5 二つの時間波形の相関

このとき時点 t_i で得られた標本値の組を (x_i, y_i) と記すことにすれば，式(2.1)で相関を計算できる．信号波形の時間長を T とすれば，$N = T/\Delta t$ 個の標本値がとれるから，この場合は

$$\sigma_{xy} = \frac{1}{N} \sum_{i=1}^{N} (x_i - \bar{x})(y_i - \bar{y})$$

$$= \frac{1}{T} \sum_{i=1}^{N} (x_i - \bar{x})(y_i - \bar{y}) \Delta t \tag{2.2}$$

ここで，$\Delta t \to 0$，$N \to \infty$ として最後に $T \to \infty$ とすると

$$\langle x(t) y(t) \rangle = \lim_{T \to \infty} \frac{1}{T} \int_{-T/2}^{T/2} (x(t) - \bar{x})(y(t) - \bar{y}) dt \tag{2.3}$$

ただし

$$\bar{x} = \lim_{T \to \infty} \frac{1}{T} \int_{-T/2}^{T/2} x(t) dt \tag{2.4}$$

$$\bar{y} = \lim_{T \to \infty} \frac{1}{T} \int_{-T/2}^{T/2} y(t) dt \tag{2.5}$$

このように時間平均の形で $x(t)$ と $y(t)$ の相関が求まる．

2.3 自己相関関数と相互相関関数

不規則信号の解析では自己相関関数と相互相関関数が重要な役割を果たす。

1. 自己相関関数

（1） 自己相関関数の定義

自己相関関数（auto–correlation function）は，$x(t)$ とそれを時間 τ だけずらした $x(t+\tau)$ の相関を τ の関数として表したものである。ただし信号の定常性を仮定して，さらにここでは $\bar{x}=0$ とする。これを $\varphi_{xx}(\tau)$ と記せば，自己相関関数は次のように定義される。

定義 2.1（自己相関関数）

定常信号 $x(t)$ の自己相関関数を次式で定義する。

$$\varphi_{xx}(\tau) = \lim_{T \to \infty} \frac{1}{T} \int_{-T/2}^{T/2} x(t)x(t+\tau)dt \tag{2.6}$$

式 (2.6) の右式は，時間平均 $\langle x(t)x(t+\tau) \rangle$ の形をしているが，$x(t)$ がエルゴード信号であれば，集合平均

$$\varphi_{xx}(\tau) = E[x(t)x(t+\tau)] \tag{2.7}$$

で定義してもよい。以下では，エルゴード信号であることを仮定して，必要に応じて時間平均あるいは集合平均の表記を用いることとする。

（2） 自己相関関数の性質

自己相関関数には次のような性質がある。

定理 2.1（自己相関関数の性質）

（1） 自己相関関数は偶関数である。すなわち

$$\varphi_{xx}(-\tau) = \varphi_{xx}(\tau) \tag{2.8}$$

（2） $\tau=0$ の値は信号電力になる。すなわち

$$\varphi_{xx}(0) = \langle x(t)^2 \rangle \tag{2.9}$$

（3） 次の不等式が成り立つ。

$$|\varphi_{xx}(\tau)| \leq \varphi_{xx}(0) \tag{2.10}$$

この（1）と（2）は自己相関関数の定義から自明である。（3）は $\tau=0$ の自分自身との相関が最大になることを意味している。これは直観的にも想像できるが，証明は本章の理解度チェック 2.2（1）の解答を参照されたい。

定理 2.1 より，自己相関関数は，概略すると図 2.6 のような関数となる。

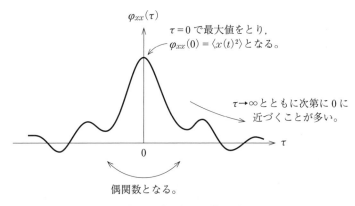

図 2.6　自己相関関数の形

（3）　自己相関関数の例

自己相関関数の例として，まずは特殊な信号の自己相関関数を求めてみよう。

例 1（正弦波信号の自己相関関数）

正弦波信号のような不規則性がない確定信号であっても，自己相関関数は計算できる。
式 (2.6) に $x(t) = A\cos(2\pi f_0 t + \theta)$ を代入すると，$T_0 = 1/f_0$ とおいて 1 周期分を積分すると

$$\varphi_{xx}(\tau) = \frac{1}{T_0} \int_{-T_0/2}^{T_0/2} A^2 \cos(2\pi f_0 t + \theta)\cos(2\pi f_0(t+\tau) + \theta)\,dt$$

$$= \frac{A^2}{2}\cos 2\pi f_0 \tau \tag{2.11}$$

すなわち，図 2.7（a）のように同じ周波数を持つ余弦関数となる。もとの信号にあった位相項 θ が消滅していることに注意されたい。言い換えれば，位相に関係なく同じ自己相関関

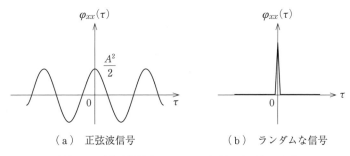

（a）正弦波信号　　　　　　　　（b）ランダムな信号

図 2.7　正弦波信号とランダムな信号の自己相関関数

数が得られる。

例 2（周期信号の自己相関関数）

一般に $x(t)$ が周期 T_0 を持つときは，$x(t+T_0)=x(t)$ であるから

表 2.2　代表的な信号の自己相関関数と電力スペクトル密度

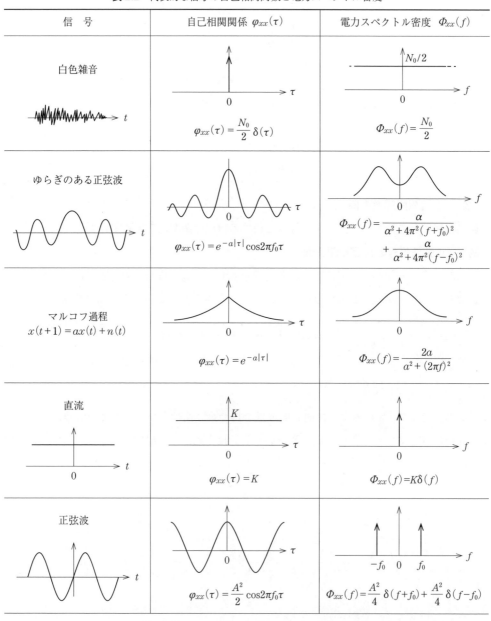

注）直流と正弦波は確定信号であるが参考までに挙げておく。直流は平均値を差し引いていない。

$$\varphi_{xx}(\tau) = \frac{1}{T_0} \int_{-T_0/2}^{T_0/2} x(t)x(t+\tau)dt$$

$$= \frac{1}{T_0} \int_{-T_0/2}^{T_0/2} x(t)x(t+T_0+\tau)dt$$

$$= \varphi_{xx}(\tau+T_0) \tag{2.12}$$

となって，自己相関関数も同じ周期 T_0 を持つ。

例3（ランダムな信号の自己相関関数）

ほんの少しずれただけで信号値に相関がなくなるランダムな信号の自己相関関数は，図2.7（b）のようにインパルス関数に近い自己相関関数となる。

表2.2 は，代表的な信号について，その自己相関関数の形を示したものである。なお後述するように自己相関関数をフーリエ変換すると電力スペクトル密度となる。表には，この電力スペクトル密度の形もあわせて示している。

2. 相互相関関数

（1） 相互相関関数の定義

相互相関関数（cross-correlation function）は同時に観測された二つの不規則信号に対して，$x(t)$ と時間 τ だけずらした $y(t+\tau)$ の相関として定義される。ここに $\bar{x}=\bar{y}=0$ とする。これを時間差 τ の関数として $\varphi_{xy}(\tau)$ と記せば，相互相関関数は次のように定義される。

定義2.2（相互相関関数）

定常信号 $x(t)$，$y(t)$ の相互相関関数を次式で定義する

$$\varphi_{xy}(\tau) = \langle x(t)y(t+\tau)\rangle = \lim_{T\to\infty} \frac{1}{T} \int_{-T/2}^{T/2} x(t)y(t+\tau)dt \tag{2.13}$$

相互相関関数も $x(t)$，$y(t)$ がいずれもエルゴード信号であれば，集合平均

$$\varphi_{xy}(\tau) = E[x(t)y(t+\tau)] \tag{2.14}$$

で定義してもよい。

相互相関関数では，二つの信号の順番に注意する必要がある。すなわち，もし $y(t)$ を先に記すとすれば，その相互相関関数は信号が定常であるから

$$\varphi_{yx}(\tau) = \langle y(t)x(t+\tau)\rangle = \langle x(t)y(t-\tau)\rangle = \varphi_{xy}(-\tau) \tag{2.15}$$

となる。

34　2.　相関関数とスペクトル

（2）　相互相関関数の性質

この関係も含めて相互相関関数には次の性質がある。

定理 2.2（相互相関関数の性質）

（1）　必ずしも偶関数ではなく，次の関係がある。

$$\varphi_{xy}(-\tau) = \varphi_{yx}(\tau) \tag{2.16}$$

（2）　次の不等式が成り立つ。

$$|\varphi_{xy}(\tau)| \leq \sqrt{\varphi_{xx}(0)\,\varphi_{yy}(0)} \tag{2.17}$$

この（2）の証明は理解度チェック 2.2（2）の解答を参照されたい。

（3）　相互相関関数の例

例（同じ周波数の正弦波の間の相互相関関数）

$x(t) = A_1 \cos(2\pi f_0 t + \theta_1)$，$y(t) = A_2 \cos(2\pi f_0 t + \theta_2)$ として相互相関関数を計算すると

$$\varphi_{xy}(\tau) = \frac{A_1 A_2}{2} \cos(2\pi f_0 \tau + \theta_2 - \theta_1) \tag{2.18}$$

となる。相互相関関数はもとの正弦波と同じ周期を持つ余弦関数で，その位相は両者の位相差である。

3.　相関関数に関するいくつかの補遺

こうして自己相関関数と相互相関関数が定義された。この定義に関連していくつか補足しておこう。

（1）　複素数値を持つ信号の相関

これまでの説明では，変数や信号はすべて実数値をとると暗黙のうちに仮定してきた。これが複素数値であったときはどうなるのであろうか。

複素数値をとる変数 x と y が与えられたとしよう。この二つの変数の相関は

$$\sigma_{xy} = \frac{1}{N} \sum_{i=1}^{N} x_i{}^* y_i \tag{2.19}$$

　　　　ただし，x^* は x の複素共役

で定義することが多い。ただし，x と y の平均は 0 としている。

式(2.19)のように，複素数値の相関をとるときは先の変数 x を複素共役として積を計算する。このとき，もし $x = y$ とすると，相関は x の絶対値の二乗となる。すなわち

$$x^* x = |x|^2 \tag{2.20}$$

これを適用すると，複素数値を持つ信号の自己相関関数と相互相関関数は次式で定義される。

$$\varphi_{xx}(\tau) = \langle x^*(t)x(t+\tau) \rangle = E[x^*(t)x(t+\tau)] \tag{2.21}$$

$$\varphi_{xy}(\tau) = \langle x^*(t)y(t+\tau) \rangle = E[x^*(t)y(t+\tau)] \tag{2.22}$$

（2） 平均が 0 でない信号に対する共分散関数

以上の説明では，信号はその平均値が 0 であると仮定してきた。これが 0 でないときは，自己相関関数と相互相関関数の定義式は，時間平均で示すとそれぞれ次のようになる。

$$\varphi_{xx}(\tau) = \langle (x(t) - \bar{x})(x(t+\tau) - \bar{x}) \rangle \tag{2.23}$$

$$\varphi_{xy}(\tau) = \langle (x(t) - \bar{x})(y(t+\tau) - \bar{y}) \rangle \tag{2.24}$$

これを特にそれぞれ自己共分散関数，相互共分散関数と呼んで相関関数と区別することもあるが，実際の信号解析ではまず信号の平均値 $\bar{x}$ を求め，その平均値を信号から差し引いてから処理を進めることが多い。本書ではこのような処理を前提として平均値が 0 の信号を考えるので，相関関数と共分散関数は特に区別しないで扱うこととする。

（3） 相関係数と相関関数の正規化

ここでは相関関数を扱ってきたが，もともと相関とは統計学の概念である。そこでは，変数 x と y （実数とする）の**相関係数** （correlation coefficient） が次のように定義される。

$$\rho = \frac{\overline{xy}}{\sqrt{\overline{x^2} \cdot \overline{y^2}}} \tag{2.25}$$

ただし，それぞれの変数の平均は 0 とする。

ここで，不等式

$$|\overline{xy}| \leqq \sqrt{\overline{x^2} \cdot \overline{y^2}} \tag{2.26}$$

が成り立つから，式(2.25)で定義された相関係数は

$$-1 \leqq \rho \leqq 1 \tag{2.27}$$

の範囲にある。$\rho = 1$ であれば完全なる正の相関（すなわちまったく同じ変数）となり，ρ によって二つの変数の相関の程度を理解しやすくなる。

この立場から，自己相関関数と相互相関関数を正規化して定義することもある。すなわち

$$\rho_{xx}(\tau) = \frac{\varphi_{xx}(\tau)}{\varphi_{xx}(0)} \qquad (-1 \leqq \rho_{xx}(\tau) \leqq 1) \tag{2.28}$$

$$\rho_{xy}(\tau) = \frac{\varphi_{xy}(\tau)}{\sqrt{\varphi_{xx}(0)\varphi_{yy}(0)}} \qquad (-1 \leqq \rho_{xy}(\tau) \leqq 1) \tag{2.29}$$

このそれぞれを，正規化自己相関関数，正規化相互相関関数と呼ぶこともある。

4. 相関関数から何がわかるか

このような相関関数を計算することによって何がわかるのであろうか。まずは相互相関関数に関連して，次のような問題を考えてみよう。

問題 2.1（システムの遅延量の推定）

図 2.8 のシステムにおいて，出力信号 $y(t)$ は入力信号 $x(t)$ をそのまま遅延させたものになっている。ただしその遅延量はわかっていない。これを推定したい。入力信号 $x(t)$ と出力信号 $y(t)$ を比較すればすぐわかりそうであるが，問題は出力信号に雑音が加わって観測されることである。すなわち，雑音を $n(t)$ とすれば，$z(t) = y(t) + n(t)$ となる。この雑音は $x(t)$ とは相関がないものとして，$x(t)$ と $z(t)$ から未知の遅延量を求めよ。

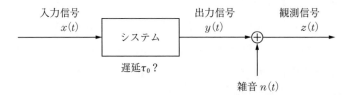

図 2.8　システムの遅延量の推定

【解答】 未知の遅延量を τ_0 として，$z(t)$ と $x(t)$ の相互相関関数を計算すると

$$\varphi_{zx}(\tau) = \langle z(t)x(t+\tau) \rangle = \langle (y(t)+n(t))x(t+\tau) \rangle$$
$$= \langle (x(t+\tau_0)+n(t))x(t+\tau) \rangle \tag{2.30}$$

ここで，$n(t)$ と $x(t)$ は無相関であるから

$$\varphi_{zx}(\tau) = \langle x(t+\tau_0)x(t+\tau) \rangle = \varphi_{xx}(\tau-\tau_0) \tag{2.31}$$

すなわち，結果は入力信号 $x(t)$ の自己相関関数 $\varphi_{xx}(\tau)$ の時間が τ_0 だけずれたものとなる。ここに自己相関関数 $\varphi_{xx}(\tau)$ は $\tau=0$ のときに最大値をとるから，図 2.9 に示すように，相互相関関数の最大値を見つければ，その時点が遅延量 τ_0 になる。

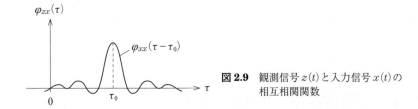

図 2.9　観測信号 $z(t)$ と入力信号 $x(t)$ の相互相関関数

これを見つけやすくするには，入力信号としてできるだけ自己相関関数が $\tau=0$ でシャープになるものが望ましい。　　　　　　　　　　　　　　　　　（解答終わり）

このように，相互相関関数は二つの信号が同時に観測されたときに，その背後にあるシステムの特性を解析するときに役に立つ。

これに対して自己相関関数は，一つの信号 $x(t)$ の集合に対して定義されているので，これよりその信号そのものの性質を知ることができる。

例えば，**図 2.10**（a）〜（d）のような自己相関関数が観測されたとしよう。

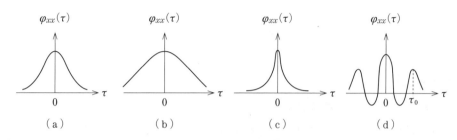

図 2.10 さまざまな自己相関関数

図（b）は，図（a）に比べて自己相関関数の幅が広がっている。これは時間 τ がずれても信号値の間に相関が強いこと，したがって信号はなめらかに変化していることを示している。逆に図（c）は少しだけ時間がずれるとほとんど相関がなくなっている。これはランダム性が強い信号であるとみなせる。先に述べた問題のように，システムの遅延を推定するときは，入力信号としてこのように自己相関関数がシャープな信号が望ましい（次節で述べる白色雑音はその例である）。一方，図（d）は離れた τ_0 で再び相関が強くなっている。これは信号がその τ_0 を周期として似た値を繰り返す成分，つまり周期信号に近い成分を含んでいることを示唆している。

このように自己相関関数を眺めれば，信号のおおまかな性質を読み取ることができる。しかし，読者はこう思うかもしれない。信号のなめらかさや周期性を解析する目的であれば，フーリエ変換をして周波数スペクトルを観察したほうがよいのではないかと。信号がなめらかであれば周波数軸上での低域成分が多いはずである。周期性のある信号成分もスペクトルを調べたほうがわかりやすい。

そうなのである。同じ性質を周波数軸上で解析する手法も開発されている。それが次節で述べる電力スペクトル密度である。

2.4 電力スペクトル密度と相互スペクトル密度

本節では，不規則信号の性質を周波数軸上で解析する手法について解説する。

1. 電力スペクトル密度

不規則信号が平均的にいかなる周波数成分を含むかを調べたい。ここでは，その位相は問題とせず，振幅あるいはその絶対値の二乗であるエネルギーが，どのような分布になっているかを調べることとする。

（1） 電力スペクトル密度の定義

まずは，図 **2.11** のように，対象とする不規則信号 $x(t)$ を長さ T の区間だけ取り出した信号を $x_T(t)$ とおく（これを打ち切り信号という）。ここで信号の直流分はあらかじめ除いておき，その平均値は 0 であるとする。

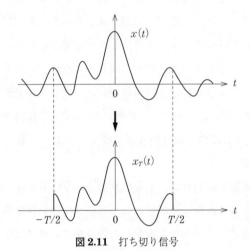

図 **2.11** 打ち切り信号

この $x_T(t)$ をフーリエ変換して，振幅成分の絶対値の二乗 $|X_T(f)|^2$ を求める。次にこれを数多くの観測信号に適用して平均を求める。最後にこれを $1/T$ 倍して $T \to \infty$ とする。こうして，次のように**電力スペクトル密度**（power spectral density）が定義される。

2.4 電力スペクトル密度と相互スペクトル密度 *39*

定義 2.3（電力スペクトル密度）

不規則信号 $x(t)$ の電力スペクトル密度を次式で定義する。

$$\Phi_{xx}(f) = \lim_{T \to \infty} \frac{1}{T} E[|X_T(f)|^2] \tag{2.32}$$

（2） 電力スペクトル密度の性質

電力スペクトル密度には次のような性質がある。

定理 2.3（電力スペクトル密度の性質）

（1） 電力スペクトル密度は非負である。

$$\Phi_{xx}(f) \geqq 0 \tag{2.33}$$

（2） $x(t)$ が実数値をとる信号であるとき，電力スペクトル密度は偶関数になる。

$$\Phi_{xx}(-f) = \Phi_{xx}(f) \tag{2.34}$$

（3） 電力スペクトル密度の周波数全体での積分は波形の平均電力 P に等しい。

$$P = E[x(t)^2] = \int_{-\infty}^{\infty} \Phi_{xx}(f) df \tag{2.35}$$

この定理 2.3 の（1）は定義 2.3 より自明である。（2）は，実数値をとる信号のフーリエ変換は正の周波数と負の周波数の間でたがいに複素共役の関係にあることから証明される。（3）はフーリエ変換におけるパーセバルの等式と密接な関係がある。すなわち，これを打ち切り信号 $x_T(t)$ に適用すると

$$\int_{-T/2}^{T/2} |x_T(t)|^2 dt = \int_{-\infty}^{\infty} |X_T(f)|^2 df \tag{2.36}$$

であるから，波形の平均電力として

$$P = \lim_{T \to \infty} \frac{1}{T} \int_{-T/2}^{T/2} E[|x_T(t)|^2] dt$$

$$= \lim_{T \to \infty} \frac{1}{T} \int_{-\infty}^{\infty} E[|X_T(f)|^2] df$$

$$= \int_{-\infty}^{\infty} \Phi_{xx}(f) df \tag{2.37}$$

が成立する。これは，電力スペクトル密度 $\Phi_{xx}(f)$ が，波形の平均電力 P をそれぞれの周波数成分に分解したものであることを意味している。

（3） 電力スペクトル密度の例
例1（正弦波信号の電力スペクトル密度）

周波数 f_0 の正弦波信号は二つの複素正弦波に分解できて，それぞれをフーリエ変換すると，周波数スペクトルは

$$x(t) = A\cos(2\pi f_0 t) \rightarrow \frac{A}{2}\delta(f-f_0) + \frac{A}{2}\delta(f+f_0) \tag{2.38}$$

より

$$\Phi_{xx}(f) = \frac{A^2}{4}[\delta(f-f_0) + \delta(f+f_0)] \tag{2.39}$$

となって，電力スペクトル密度は，**図2.12**（a）のように，$\pm f_0$ の周波数に集中した形になる。

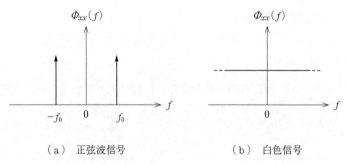

（a） 正弦波信号　　　　　　（b） 白色信号

図2.12 正弦波信号と白色信号の電力スペクトル密度

例2（白色信号の電力スペクトル密度）

図2.12（b）のように電力スペクトル密度が周波数によらず一定の信号は，**白色信号**（white signal）と呼ばれる。光の色彩理論では，すべての波長の可視光線が一様に含まれているとき，その光は白色に見える。そこからスペクトルが定数である信号を白色信号と呼ぶのである。

一般には，不規則信号の電力スペクトル密度は**図2.13**（a）や図（b）の形をしている。これに周期信号（例えば正弦波）が加わった場合は，図（c）のように連続スペクトルと離散スペクトルが混在した形となる。

（4） 両側電力スペクトル密度と片側電力スペクトル密度

ここで式(2.35)では，電力スペクトル密度が負の周波数を含み $-\infty < f < \infty$ に分布していることに注意してほしい。周波数の正負両側に分布しているので，**両側電力スペクトル密度**（both-sided power spectral density）と呼ばれている。

式(2.35)は，実数値をとる信号では電力スペクトル密度が偶関数であるから，次のように

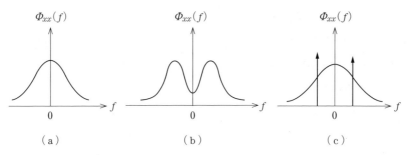

図 2.13 さまざまな電力スペクトル密度

変形できる。

$$P = \int_{-\infty}^{\infty} \Phi_{xx}(f)df = 2\int_{0}^{\infty} \Phi_{xx}(f)df \tag{2.40}$$

したがって，両側電力スペクトル密度の 2 倍を新たに

$$\Phi_{xx}'(f) = 2\Phi_{xx}(f) \tag{2.41}$$

とすれば，次式が成り立つ。

$$P = \int_{0}^{\infty} \Phi_{xx}'(f)df \tag{2.42}$$

すなわち $\Phi_{xx}'(f)$ を正の片側の周波数で積分すれば波形の平均電力になる。その意味で $\Phi_{xx}'(f)$ は，**片側電力スペクトル密度**（single-sided power spectral density）と呼ばれる。

片側電力スペクトル密度 $\Phi_{xx}'(f)$ は両側電力スペクトル密度 $\Phi_{xx}(f)$ を 2 倍しているだけであるが異なる定義である。**図 2.14** に示すように，両側電力スペクトル密度は $-\infty < f < \infty$ の周波数で定義され，片側電力スペクトル密度は $0 < f < \infty$ の周波数で定義されている。単に電力スペクトル密度となっている場合は，このどちらであるか注意する必要がある。

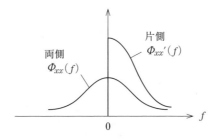

図 2.14 両側電力スペクトル密度 $\Phi_{xx}(f)$ と片側電力スペクトル密度 $\Phi_{xx}'(f)$

2. 相互スペクトル密度

相関関数で自己相関関数と相互相関関数があった。周波数軸上でも，電力スペクトル密度に加えて**相互スペクトル密度**（cross-spectral density）が定義される。

（1） 相互スペクトル密度の定義

二つの不規則信号 $x(t)$ と $y(t)$ が同時に与えられたとして，それぞれのフーリエ変換を $X(f)$，$Y(f)$ とする。このフーリエ変換のある特定の周波数に着目して，その周波数におけるそれぞれの成分の相関を調べてみよう。フーリエ変換は一般に複素数であるから，2.3 節の 3. 項で述べたように片方を複素共役として積を求める。

こうして次のように相互スペクトル密度を定義する。

定義 2.4（相互スペクトル密度）

不規則信号 $x(t)$ と $y(t)$ の相互スペクトル密度を次式で定義する。

$$\Phi_{xy}(f) = \lim_{T \to \infty} \frac{1}{T} E[X_T{}^*(f) Y_T(f)] \tag{2.43}$$

ただし，$X_T{}^*(f)$ は $X_T(f)$ の複素共役

ここで $x(t)$ と $y(t)$ が同じ信号，すなわち $x(t) = y(t)$ のときは，$X_T{}^*(f) Y_T(f) = |X_T(f)|^2$ となるから，この相互スペクトル密度と電力スペクトル密度の定義は一致する。

相互スペクトル密度は，二つの信号の順番に注意する必要がある。すなわち，もし $y(t)$ を先に記すとすれば，その相互スペクトル密度は

$$\Phi_{yx}(f) = \lim_{T \to \infty} \frac{1}{T} E[Y_T{}^*(f) X_T(f)] = \lim_{T \to \infty} \frac{1}{T} E[(X_T{}^*(f) Y_T(f))^*] = \Phi_{xy}{}^*(f) \tag{2.44}$$

となるから，順番を入れ替える前の $\Phi_{xy}(f)$ とは複素共役の関係にある。

（2） 相互スペクトル密度の性質

これも含めて相互スペクトル密度には次の性質がある。

定理 2.4（相互スペクトル密度の性質）

（1） 相互スペクトル密度は一般には複素数値をとり，$\Phi_{xy}(f)$ と $\Phi_{yx}(f)$ は複素共役の関係にある。すなわち

$$\Phi_{xy}(f) = \Phi_{yx}{}^*(f) \tag{2.45}$$

（2） 次の不等式が成り立つ。

$$|\Phi_{xy}(f)| \leq \sqrt{\Phi_{xx}(f) \Phi_{yy}(f)} \tag{2.46}$$

この定理2.4の（2）は，相互スペクトル密度 $\Phi_{xy}(f)$ が周波数 f における $X(f)$ と $Y(f)$ の相関として定義されていることから想像がつくが，証明は理解度チェック2.2（3）の解答を参照されたい。

（3）コヒーレンシー

次のように正規化された相互スペクトル密度を定義することもできる。

$$\rho_{xy}(f) = \frac{\Phi_{xy}(f)}{\sqrt{\Phi_{xx}(f)\Phi_{yy}(f)}} \tag{2.47}$$

この値は，式(2.46)の不等式より

$$-1 \leq \rho_{xy}(f) \leq 1 \tag{2.48}$$

の範囲にあって，**コヒーレンシー**（coherency）と呼ばれている。二つの不規則信号の周波数ごとの相関係数に相当しており，両者の関係（依存度）を調べるうえで便利な関数である。

3. それぞれのスペクトルのまとめ

以上の電力スペクトル密度と相互スペクトル密度は，**図 2.15** に示す関係にある。電力スペクトル密度は，それぞれの信号の周波数ごとのエネルギー成分を周波数の関数として表したものである。これに対して相互スペクトル密度は，それぞれの信号の周波数成分の相関を，やはり周波数の関数として表したものである。

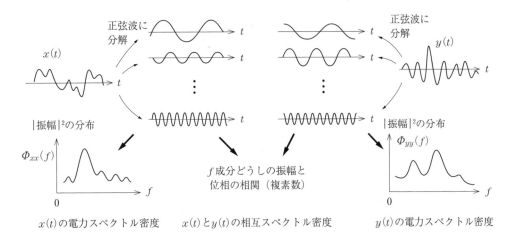

図 2.15 電力スペクトル密度と相互スペクトル密度

2.5 ウィナー・ヒンチンの定理

こうして不規則信号の時間領域の解析法として自己相関関数と相互相関関数が定義され，周波数領域の解析法として電力スペクトル密度と相互スペクトル密度が定義された。

この相関関数とスペクトルは**ウィナー・ヒンチンの定理**（Wiener–Khinchin theorem）と呼ばれる密接な関係にある。

1. 自己相関関数と電力スペクトル密度の関係

結論からいえば，時間の関数である自己相関関数と周波数の関数である電力スペクトル密度は，たがいにフーリエ変換・逆変換の関係にある。これを示したのが，次のウィナー・ヒンチンの定理である。

定理 2.5（ウィナー・ヒンチンの定理（自己相関関数と電力スペクトル密度））

自己相関関数 $\varphi_{xx}(\tau)$ をフーリエ変換すると電力スペクトル密度 $\Phi_{xx}(f)$ になる。

$$\Phi_{xx}(f) = \int_{-\infty}^{\infty} \varphi_{xx}(\tau) e^{-j2\pi f\tau} d\tau \tag{2.49}$$

【証明】 打ち切り信号 $x_T(t)$ のフーリエ変換を $X_T(f)$ とおいて

$$\frac{1}{T} E[|X_T(f)|^2] = \frac{1}{T} E[X_T{}^*(f) X_T(f)]$$

$$= \frac{1}{T} E\left[\int_{-T/2}^{T/2} x(t_1) e^{j2\pi f t_1} dt_1 \cdot \int_{-T/2}^{T/2} x(t_2) e^{-j2\pi f t_2} dt_2 \right]$$

$$= \frac{1}{T} \int_{-T/2}^{T/2} \int_{-T/2}^{T/2} E[x(t_1) x(t_2)] e^{-j2\pi f(t_2-t_1)} dt_1 dt_2 = *$$

ここで, $t_2 - t_1 = \tau$ として $\varphi_{xx}(\tau) = E[x(t_1) x(t_1 + \tau)]$ とおき, 積分範囲に注意して変形すると

$$* = \int_{-T}^{T} \varphi_{xx}(\tau) \left(1 - \frac{|\tau|}{T}\right) e^{-j2\pi f\tau} d\tau \tag{2.50}$$

ゆえに， $T \to \infty$ とすれば次式が成り立つ。

$$\Phi_{xx}(f) = \int_{-\infty}^{\infty} \varphi_{xx}(\tau) e^{-j2\pi f\tau} d\tau \tag{2.51}$$

（証明終わり）

2. 相互相関関数と相互スペクトル密度の関係

同じ関係が，時間の関数である相互相関関数と周波数の関数である相互スペクトル密度の間でも成り立つ。

定理 2.6（ウィナー・ヒンチンの定理（相互相関関数と相互スペクトル密度））

相互相関関数 $\varphi_{xy}(\tau)$ と相互スペクトル密度 $\Phi_{xy}(f)$ はたがいにフーリエ変換，逆変換の関係にある。

$$\Phi_{xy}(f) = \int_{-\infty}^{\infty} \varphi_{xy}(\tau) e^{-j2\pi f\tau} d\tau \tag{2.52}$$

これは定理 2.5 と同じようにして証明できる。

3. いくつかの例

いくつかの信号について，ウィナー・ヒンチンの定理を適用して，相関関数とスペクトルの関係を調べてみよう。

例 1（白色信号の自己相関関数と電力スペクトル密度）

定数に対するフーリエ変換対はインパルス関数である。したがって電力スペクトル密度 $\Phi_{xx}(f)$ が白色（周波数によらず一定）の信号の自己相関関数 $\varphi_{xx}(\tau)$ はインパルス関数 $\delta(\tau)$ になる。これは 2.3 節の 1. 項の例 3 に示したもので，もっともランダムな不規則信号である。

例 2（指数的に減少する自己相関関数を持つ信号の電力スペクトル密度）

$$\varphi_{xx}(\tau) = e^{-\alpha|\tau|} \qquad (\alpha > 0) \tag{2.53}$$

の形の自己相関関数を持つ信号の電力スペクトル密度は

$$\Phi_{xx}(f) = \frac{2\alpha}{\alpha^2 + (2\pi f)^2} \tag{2.54}$$

となる。

例 3（減衰振動する自己相関関数を持つ信号の電力スペクトル密度）

これは次のように求まる。

$$\varphi_{xx}(\tau) = e^{-\alpha|\tau|} \cos(2\pi f_0 \tau) \qquad (\alpha > 0) \tag{2.55}$$

より

$$\Phi_{xx}(f) = \frac{\alpha}{\alpha^2 + 4\pi^2(f + f_0)^2} + \frac{\alpha}{\alpha^2 + 4\pi^2(f - f_0)^2} \tag{2.56}$$

先に示した表 2.2 は，これらも含めて代表的な自己相関関数と電力スペクトル密度をまとめたものである

2.6 線形システムと不規則信号

これまで定義した不規則信号の自己相関関数や電力スペクトル密度は，その信号を線形システムに入力したときに，出力ではどう変化するのであろうか。

1. 線形システム入出力の電力スペクトル密度と相互スペクトル密度

まずは，電力スペクトル密度がどう変化するか考えてみよう。ここでは**図 2.16**のように伝達関数が $H(f)$ のシステムを考える。

図 2.16 線形システム

このとき，それぞれの信号のスペクトルは線形システムによって伝達関数倍されるから

$$Y(f) = H(f)X(f) \tag{2.57}$$

したがって

$$|Y(f)|^2 = |H(f)|^2 |X(f)|^2 \tag{2.58}$$

が得られる。これを式(2.32)の電力スペクトル密度の定義式に代入すると，次の関係が得られる。

定理 2.7（線形システムにおける電力スペクトル密度の関係）

伝達関数 $H(f)$ の線形システムに，電力スペクトル密度が $\Phi_{xx}(f)$ である不規則信号 $x(t)$ を入力すると，出力 $y(t)$ の電力スペクトル密度 $\Phi_{yy}(f)$ は次のようになる。

$$\Phi_{yy}(f) = |H(f)|^2 \Phi_{xx}(f) \tag{2.59}$$

すなわち，$|H(f)|^2$ 倍になる。

あわせて，入力 $x(t)$ と出力 $y(t)$ の相互スペクトル密度を求めると

$$X^*(f)Y(f) = X^*(f)H(f)X(f) = H(f)|X(f)|^2 \tag{2.60}$$

であるから，次の定理が導かれる。

定理 2.8（線形システムにおける入出力の相互スペクトル密度）

$$\Phi_{xy}(f) = H(f)\Phi_{xx}(f) \tag{2.61}$$

この式 (2.61) より

$$H(f) = \frac{\Phi_{xy}(f)}{\Phi_{xx}(f)} \tag{2.62}$$

となる関係があることがわかる。これはシステムの伝達関数 $H(f)$ が未知であるとき，この $H(f)$ を $\Phi_{xy}(f)$ と $\Phi_{xx}(f)$ より推定するときに使われる関係式である。

2. 線形システム入出力の自己相関関数と相互相関関数

自己相関関数は線形システムによってどう変化するのであろうか。周波数軸上では式 (2.59) に示すように関係は積になっているので，これをフーリエ逆変換すれば，時間軸上ではたたみこみ積分になることが予想される。実際，$|H(f)|^2$ のフーリエ逆変換を

$$\psi_h(\tau) = \int_{-\infty}^{\infty} |H(f)|^2 e^{j2\pi f\tau} df \tag{2.63}$$

とすれば，入力と出力の自己相関関数の間には次の関係がある。

定理 2.9（線形システムにおける自己相関関数の関係）

$$\varphi_{yy}(\tau) = \int_{-\infty}^{\infty} \psi_h(\theta)\varphi_{xx}(\tau - \theta) d\theta \tag{2.64}$$

ここに，式 (2.63) の $\psi_h(\tau)$ は，線形システムのインパルス応答 $h(t)$ の自己相関関数を計算することにより求められる。

$$\psi_h(\tau) = \int_{-\infty}^{\infty} h(t)h(t + \tau) dt \tag{2.65}$$

入出力の間の相互相関関数は，線形システムのインパルス応答 $h(\tau)$ を直接用いて求められる。すなわち，次の定理が導かれる。

定理 2.10（線形システムにおける入出力の相互相関関数）

$$\varphi_{xy}(\tau) = \int_{-\infty}^{\infty} h(\theta)\varphi_{xx}(\tau - \theta) d\theta \tag{2.66}$$

2.7 相関関数とスペクトルのまとめ

こうして相関関数とスペクトルに関していくつかの重要な関係が得られた。これを**表 2.3**にまとめて示す。

図 2.17〜図 2.19 は表 2.3 にある各種の関係を図にしたものである。**図 2.17** は自己相関関数と電力スペクトルの関係，**図 2.18** は相互相関関数と相互スペクトル密度の関係である。

図 2.19 は線形システムの入出力の関係も含めて本章で述べたことをまとめて図にしている。図において左右は時間領域と周波数領域の関係で，フーリエ変換で結ばれている。上下は線形システムの入力と出力の関係で，伝達関数やインパルス応答がつなげている。そして内側は確定信号（個々の信号波形）における関係，外側は不規則信号における統計的な関係である。

なお，表 2.3 および図 2.17〜2.19 は，いずれも信号 $x(t)$，$y(t)$ やインパルス応答 $h(t)$ が実数である場合をまとめたもので，複素数の場合は相関関数の定義などが異なるので注意されたい（p.34 参照）。

表 2.3 相関関数とスペクトルのまとめ

・相関関数とスペクトルの定義	
自己相関関数 $\varphi_{xx}(\tau) = E[x(t)x(t+\tau)]$ 電力スペクトル密度 $\Phi_{xx}(f) = \dfrac{1}{T}E[\,\lvert X_T(f)\rvert^2\,] \qquad (T \to \infty)$	相互相関関数 $\varphi_{xy}(\tau) = E[x(t)y(t+\tau)]$ 相互スペクトル密度 $\Phi_{xy}(f) = \dfrac{1}{T}E[\,X_T{}^*(f)Y_T(f)\,] \qquad (T \to \infty)$
・相関関数とスペクトルの関係（ウィナー・ヒンチンの定理）	
自己相関関数と電力スペクトル密度 $\Phi_{xx}(f) = \displaystyle\int_{-\infty}^{\infty} \varphi_{xx}(\tau)e^{-j2\pi f\tau}d\tau$	相互相関関数と相互スペクトル密度 $\Phi_{xy}(f) = \displaystyle\int_{-\infty}^{\infty} \varphi_{xy}(\tau)e^{-j2\pi f\tau}d\tau$
・線形システムの入出力における関係（$x(t)$：入力，$y(t)$：出力）	
入出力の自己相関関数 $\varphi_{yy}(\tau) = \displaystyle\int_{-\infty}^{\infty} \psi_h(\theta)\varphi_{xx}(\tau-\theta)d\theta$ 入出力の電力スペクトル密度 $\Phi_{yy}(f) = \lvert H(f)\rvert^2 \Phi_{xx}(f)$	入出力の相互相関関数 $\varphi_{xy}(\tau) = \displaystyle\int_{-\infty}^{\infty} h(\theta)\varphi_{xx}(\tau-\theta)d\theta$ 入出力の相互スペクトル密度 $\Phi_{xy}(f) = H(f)\Phi_{xx}(f)$

注) $\psi_h(t) = \displaystyle\int_{-\infty}^{\infty} h(t)h(t+\tau)dt$

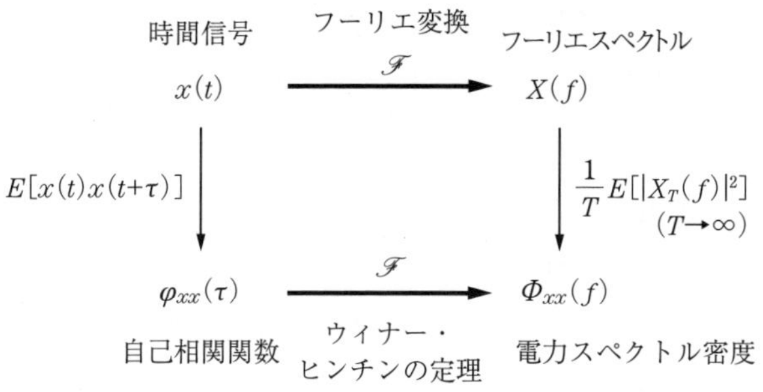

2.7 相関関数とスペクトルのまとめ

図 2.17 自己相関関数と電力スペクトルの定義と関係

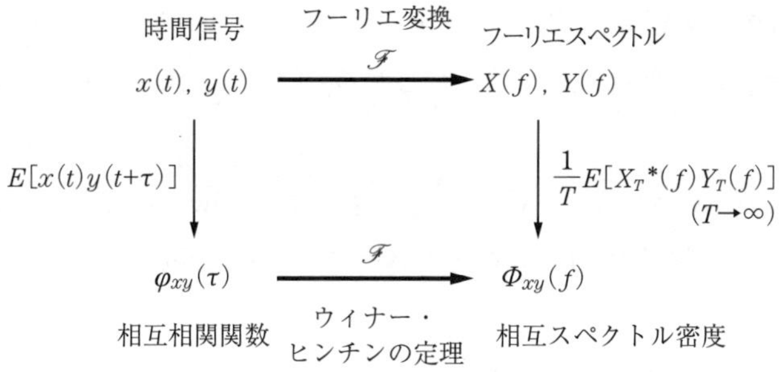

図 2.18 相互相関関数と相互スペクトルの定義と関係

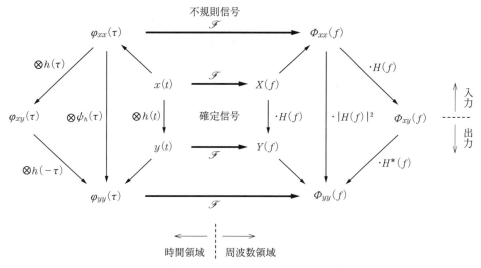

図 2.19 線形システムの入出力の関係も含めたまとめ
（$x(t)$, $y(t)$, $h(t)$が実数の場合）

理解度チェック

2.1 （誤りの指摘問題）

次の記述のうち誤っているものはどれか（複数あり得る）。誤っている記述それぞれに対して，その誤りを指摘してその理由を述べよ。

A) 自己相関関数 $\varphi_{xx}(\tau)$ は $\tau = 0$ で最大値をとるが，相互相関関数 $\varphi_{xy}(\tau)$ は必ずしもそうではない。

B) 電力スペクトル密度 $\Phi_{xx}(f)$ と相互スペクトル密度 $\Phi_{xy}(f)$ は必ずしも実数値ではなく，複素数値となることがあり得る。

C) 片側電力スペクトル密度を2倍すると両側電力スペクトル密度となる。

D) 自己相関関数 $\varphi_{xx}(\tau)$ と電力スペクトル密度 $\Phi_{xx}(f)$ はたがいにフーリエ変換・逆変換の関係にある。

E) 伝達関数 $H(f)$ の線形システムにおいて，入力 $x(t)$ の電力スペクトル密度 $\Phi_{xx}(f)$ を伝達関数 $H(f)$ 倍すると出力 $y(t)$ の電力スペクトル密度 $\Phi_{yy}(f)$ となる。

2.2 （相関関数とスペクトルに関連する不等式）

相関関数とスペクトルでは，次のような基本的な不等式がある。それぞれを証明せよ。

（1） 自己相関関数に関する不等式（定理2.1（3））

$$|\varphi_{xx}(\tau)| \leq \varphi_{xx}(0)$$

（2） 相互相関関数に関する不等式（定理2.2（2））

$$|\varphi_{xy}(\tau)| \leq \sqrt{\varphi_{xx}(0)\varphi_{yy}(0)}$$

（3） 相互スペクトル密度に関する不等式（定理2.4（2））

$$|\Phi_{xy}(f)| \leq \sqrt{\Phi_{xx}(f)\Phi_{yy}(f)}$$

2.3 （単純マルコフ過程）

次式で示される定常な単純マルコフ過程を考える。

$$x(n+1) = \alpha x(n) + u(n)$$

ただし，α は実数で $|\alpha| < 1$

ここに $u(n)$ は平均 $E[u(n)] = 0$，分散 $E[u(n)^2] = 1$ の白色雑音で，$x(k)$ $(k \leq n)$ とは無相関であるとする。

（1） $x(n)$ の分散 $E[x(n)^2]$ を求めよ。

（2） $x(n)$ の自己相関関数 $E[x(n)x(n+l)]$ $(l \geq 0)$ を求めよ。

3

スペクトル推定

概　要

　不規則信号のスペクトルを推定するときは，さまざまな工夫が必要である。本章では，スペクトルを求める三通りの方法（相関関数法，ピリオドグラム法，線形モデル法）を紹介して，それぞれの特徴を明らかにする。また安定なスペクトル推定を行うことを目的としたウィンドウ処理などの手法を学ぶ。

3.1 スペクトル推定手法

1. スペクトル推定の考え方

前章で述べたように，不規則信号の代表的な解析手法である相関関数と電力スペクトル密度は，ウィナー・ヒンチンの定理によって，フーリエ変換と逆変換の関係にある。この定理は，実際に信号解析を行うときにも，基本的な役割を果たす。

その一つとして，信号 $x(t)$ が与えられたときに，その電力スペクトル密度を推定することを考えよう。ウィナー・ヒンチンの定理は，この計算には二通りのルートがあることを示している。これを**図 3.1** に示す。

（1）まずは信号をフーリエ変換して，$|X(f)|^2$ を平均して電力スペクトル密度を求める。

（2）まずは自己相関関数を計算し，これをフーリエ変換して電力スペクトル密度を求める。

このうち（1）の方法は，電力スペクトル密度の定義式

$$\Phi_x(f) = \frac{1}{T} E[|X(f)|^2] \tag{3.1}$$

をそのまま用いた求め方である[†]。一方の（2）は，ウィナー・ヒンチンの定理を適用した

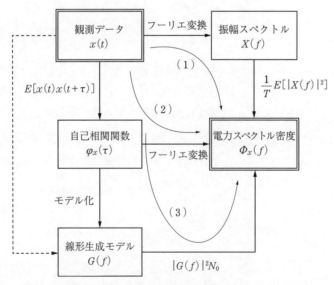

図 3.1 スペクトル推定のさまざまなルート

[†] 前章では相互スペクトル密度 $\Phi_{xy}(f)$ と区別するため，電力スペクトル密度を $\Phi_{xx}(f)$ と記したが，本章では信号 $x(t)$ のみを対象とするので，単に $\Phi_x(f)$ と記すことにする。自己相関関数 $\varphi_x(\tau)$ についても同様である。

求め方で，自己相関関数

$$\varphi_x(\tau) = E[x(t)x(t+\tau)] \tag{3.2}$$

をまず求めて，これをフーリエ変換する。

コンピュータで計算するときは，かつては長い時間長のフーリエ変換が面倒であったので，まずは自己相関関数を求めて時間長を短くしてからフーリエ変換していた。すなわち（2）の方法で計算していた。ところが，1965年に高速にフーリエ変換を計算する手法（高速フーリエ変換：FFT）が登場してからは，先にフーリエ変換する（1）の方法が中心になっている。

それどころか，自己相関関数を求めるときも，直接計算せずに，まずは（1）のようにFFTによって電力スペクトル密度を求めて，それをFFTによってフーリエ逆変換して自己相関関数を求めることもある。一見遠回りのように見えるが，FFTの登場によってそのほうが効率的になることもでてきたのである。

スペクトル推定における（1）と（2）の方法は，それぞれ**直接法**，**間接法**と呼ばれる。直接法は**ピリオドグラム法**（periodogram method）ともいう。相関関数を経由する間接法は，ブラックマンとチューキーによって体系が整備されたので，**ブラックマン・チューキー法**（Blackman–Tukey method）と呼ばれることもある。

これらとは考え方がかなり違うスペクトル推定法（**線形モデル法**）もある。そこでは

（3）　不規則信号からその線形生成モデルを求めて，そのモデルを用いてスペクトルを推定する。

これは，線形生成モデルに基づく手法であって，そのモデルのパラメータを用いて推定するのでパラメトリックな手法とも呼ばれる。これに対して，上記の直接法と間接法はノンパラメトリックな手法である。

この線形モデル法は，図3.1にあるように，自己相関関数からモデルのパラメータを推定する手法が基本であるが，相関関数を経由せずに直接観測データから推定する手法（格子型アルゴリズム，第7章参照）もある。

2.　スペクトル推定の条件

スペクトル推定は，実際には限られた長さのデータに基づいて行われる。このとき，"良い"スペクトル推定手法の条件としては，次のようなものが挙げられよう。

（a）　真のスペクトルに近い値が安定に求められること

（b）　スペクトルの分解能が高いこと

これに加えて，もちろん計算時間が短いことも大切である。

この（a）と（b）の二つの条件は，スペクトル推定の基本的な特性にかかわるもので

あって，できれば真のスペクトル値が安定に，しかも高い分解能で求められることが望ましい。しかし，限られたデータからスペクトル推定を行うときは，この二つはしばしば相矛盾する要求となる。

第三の方法である線形モデル法は，比較的短いデータから高い分解能のスペクトルが得られることが特徴であるが，データが短いと推定値の安定性が悪く，得られた結果をどこまで信じてよいか問題が残ることもある。

本節では，相関関数をフーリエ変換する間接法（相関関数法）と，直接フーリエ変換して求める直接法（ピリオドグラム法）を中心に解説する。線形モデル法については，その考え方だけを紹介することにとどめ，具体的なアルゴリズムについては，後の第7章（線形予測理論と格子型フィルタ）で解説することとする。

なお，スペクトルも含め統計量を推定するときは，その「推定の良さ」を評価することが必要になる。限られたデータから得られた推定量に関して，例えばその推定量の期待値が偏らずに真の値と等しくなるのか（不偏性），その分散（ばらつき）が小さくなるのか（有効性），データの数を多くしたときに推定量が真の値に確率的に収束するのか（一致性）などが問題となる。これらは重要な問題であるが，きちんと展開するためには統計に関する基礎知識が必要になるので本書では扱わない。

3.2 相関関数法によるスペクトル推定

ウィナー・ヒンチンの定理によれば，自己相関関数をまず求めて，それをフーリエ変換すれば電力スペクトル密度が求められる。しかし実際にはデータ長が有限であるので，原理そのままに計算しても安定な結果が得られない。そこではさまざまな工夫が必要になる。以下述べる手法はブラックマン・チューキー法と呼ばれているものである。

1. 相関関数の推定

長さ N の観測データ $x(0), x(1), \cdots, x(N-1)$ が与えられて，これからスペクトル推定を行うことを考えよう。ただし，平均値はあらかじめ差し引かれているものとして，$x(n)$ の平均は 0（零）と仮定する。

まずは，これから自己相関関数を求める。データの標本周期を T_0 として，自己相関関数の時間差（ラグともいう）を $\tau = mT_0$ とすれば，自己相関関数は次式で計算される。

$$\hat{\varphi}_x(\tau) = \hat{\varphi}_x(mT_0) = \frac{1}{N-m} \sum_{n=0}^{N-m-1} x(n)\, x(n+m) \tag{3.3}$$

ここで，時間差（ラグ）のある $x(n)$ と $x(n+m)$ がともに与えられた観測データに含まれている必要があるので，自己相関関数を求めるときの総和の範囲は $0 \sim N-m-1$ となっている。したがって平均をとるときの回数は m に依存して $N-m$ となる。

電力スペクトル密度は，式(3.3)の自己相関関数をフーリエ変換すれば求められるが，実際にはそのままでは安定な推定はできない。それは次の二つの理由による（**図3.2** 参照）。

（1）上で述べたように，自己相関関数のラグ m によって平均の回数が異なっており，m が大きいほど平均の回数が減るので，その推定の精度が悪くなっている。フーリエ変

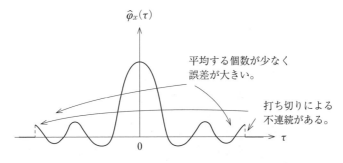

図3.2 自己相関関数はその両端近くで問題がある

換するときは，そのような精度の悪い推定値はできるだけ使わないほうがよい。
（2） 限られた観測データから自己相関数を求めるときは，ラグはどこかで強引に打ち切らなければならない。この打ち切ったところで図 3.2 のように不連続が生じてしまうと，これがスペクトルの推定に影響してしまう。

ブラックマン・チューキー法では，次に述べるウィンドウ処理によって，この問題に対処している。

2. ウィンドウ処理

限られた長さの観測データから安定にスペクトルを推定するために，次のような二通りの**ウィンドウ**（window，窓関数ともいう）**処理**が知られている。

（1） ラグウィンドウ

その一つは，相関関数の推定誤差がラグ τ とともに増大することを考慮して，τ が大きくなるにつれて減衰する重み（weight）を掛けてからフーリエ変換する方法である。すなわち，この重み関数を $w(\tau)$ とすれば，まずは計算された相関関数 $\hat{\varphi}_x(\tau)$ に重み関数を掛けて

$$\varphi_x(\tau) = w(\tau)\hat{\varphi}_x(\tau) \tag{3.4}$$

としてから，これをフーリエ変換して電力スペクトル密度が推定される。**図 3.3** はこの様子を示したものである。これによって，自己相関関数の最大ラグを強引に打ち切ったときの不連続も軽減することができる。この重み関数 $w(\tau)$ は，**ラグウィンドウ**（lag window）と呼ば

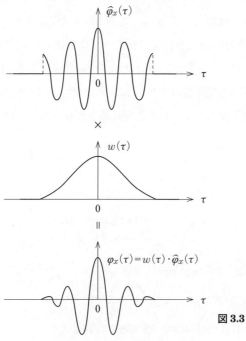

図 3.3 ラグウィンドウ

れている。

（2） スペクトルウィンドウ

いま一つの手法は，自己相関関数はそのままフーリエ変換して，変換された電力スペクトル密度を周波数軸上で平均する方法である。一般に生のままの相関関数をフーリエ変換すると，**図 3.4** のように統計的にばらついたスペクトル $\widehat{\Phi}_x(f)$ が得られる。一方，真のスペクトルはある程度なめらかであることが多い。

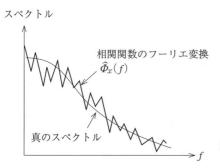

図 3.4　スペクトル推定値のばらつき

そこで，近傍の周波数のスペクトル値を重みづけ平均することによって，このばらつきを軽減することを考える。この重みづけを行う周波数の関数を $W(f)$ とおけば，これは周波数軸上でのフィルタ処理であるから，重みづけ平均は

$$\Phi_x(f) = \int_{-\infty}^{\infty} W(f-f')\widehat{\Phi}_x(f')df' \tag{3.5}$$

によって計算される。この周波数軸上の重み関数 $W(f)$ は，**スペクトルウィンドウ**（spectral window）と呼ばれる。

（3） ラグウィンドウとスペクトルウィンドウの関係

この二つのウィンドウ処理は実は密接な関係がある。

フーリエ変換では，時間軸上の関数の積は，周波数軸上ではそれぞれのフーリエ変換のたたみこみ積分になる。すなわち

$$f(t)g(t) \xrightarrow{\text{フーリエ変換}} \int_{-\infty}^{\infty} F(f-f')G(f')df' \tag{3.6}$$

式 (3.4) と式 (3.5) はまさにこの関係になっている。これは，スペクトルウィンドウ $W(f)$ をラグウィンドウ $w(\tau)$ のフーリエ変換

$$W(f) = \int_{-\infty}^{\infty} w(\tau)e^{-j2\pi f\tau}d\tau \tag{3.7}$$

となるように選べば，二つのウィンドウ処理は結果としてまったく等価な操作となることを意味している。

一般に，ラグウィンドウの時間幅を狭くすれば，対応するスペクトルウィンドウの周波数幅が拡がり，平均操作によりスペクトル推定のばらつきが小さくなる。一方でスペクトルにスムージングがかかるのでスペクトルの分解能が悪くなる。ラグウィンドウの時間幅を広くした場合は逆である。

（4） 代表的なウィンドウ

表3.1 に代表的なラグウィンドウ（窓関数）を示しておく。スペクトルウィンドウはこのフーリエ変換になっている。

表3.1 代表的なウィンドウ（窓関数）

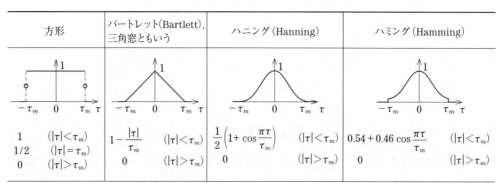

このほかにも赤池のウィンドウなどがある。

方形ウィンドウは何もせずに，相関関数をその両端で打ち切っている。バートレットウィンドウ（三角窓ともいう）は計算された相関関数に

$$w(m) = 1 - \frac{m}{N} = \frac{N-m}{N} \tag{3.8}$$

を掛けるものであり，実際に式(3.3)に掛けると次式になる。

$$\varphi_x(\tau) = \varphi_x(mT_0) = \frac{1}{N} \sum_{n=0}^{N-m-1} x(n)\, x(n+m) \tag{3.9}$$

これは m によらずデータ長の N で平均をとるものである。相関関数そのものを推定するときは，式(3.3)よりもこの式(3.9)を用いたほうが安定な推定結果となることが知られている。

ハニングウィンドウは，スペクトルウィンドウの形が簡単になるのでよく使われている。ハミングウィンドウはこれを少し修正したものである。

3.3 ピリオドグラム法によるスペクトル推定

電力スペクトル密度の定義式(3.1)に従って，まずは観測データをフーリエ変換してスペクトルの推定を行う方法がピリオドグラム法である。フーリエ変換はFFT（高速フーリエ変換）を用いて行うことが多いのでFFT法とも呼ばれる。

1. ピリオドグラム法での平均操作

観測データをフーリエ変換しても，そのままではばらつきが大きく，安定な推定量とはならない。そのため，何らかの平均操作を必要とする。これには二通りの方法がある。

（a） **分割平均**　　長さNの測定データをL個の区間に分割して，長さN/Lのそれぞれの区間についてフーリエ変換を行い電力スペクトル密度を求めて，L個の平均をとる。すなわち，それぞれの区間で求められたフーリエ変換を$X_l(f)\,(l=1, 2, \cdots, L)$とすると

$$\Phi_x(f) = \frac{1}{L}\sum_{l=1}^{L}|X_l(f)|^2 \tag{3.10}$$

（b） **周波数スムージング**　　長さNの測定データを直接フーリエ変換して電力スペクトル密度$\widehat{\Phi}_x(f)$を求めて，スペクトルウィンドウによって周波数領域で平均（スムージング）する。すなわち，スペクトルウィンドウを$W(f)$とすると

$$\Phi_x(f) = \int_{-\infty}^{\infty}W(f-f')\widehat{\Phi}_x(f')df' \tag{3.11}$$

この（a）の分割平均によって，推定誤差の分散は$1/L$に減少する。（b）の周波数スムージングも，周波数軸上で近傍のL個の成分が実質的に平均されていれば，（a）と同様の効果が得られる。ただし，このような時間軸あるいは周波数軸上の平均操作によって，独立なスペクトル推定量の個数（すなわちスペクトル分解能）は$1/L$に低下することは覚悟しなければならない。

なお，分割平均と周波数スムージングは両者を組み合わせて使用してもよい。また分割平均だけでなく，同一の条件のもとで複数個の観測データが得られているときは，それぞれのスペクトルの集合平均の形で電力スペクトル密度を推定してもよい。

2. データウィンドウ

FFTによってフーリエ変換するときはデータ長を有限に打ち切らなければならない。この

打ち切りによって，もともとは存在しなかったスペクトル成分が新たに生じる可能性がある。特に打ち切ったところでデータに不連続が生じてしまうと，その影響が出てしまう。

これを避けるには，データに対してウィンドウを掛けて，切り取ったデータの両端で不連続にならないようにすればよい。このウィンドウは相関関数法におけるラグウィンドウやスペクトルウィンドウとは違って，スペクトルの統計的な推定誤差を少なくすることが目的ではないから，簡単なものでよい。

その一つとして，**図3.5**のように，データの始めと終わりの1/10ずつの区間に二乗コサイン形のウィンドウを掛けることが提案されている。このようにデータに対する直接的なウィンドウ操作は**データウィンドウ**（data window）と呼ばれている。

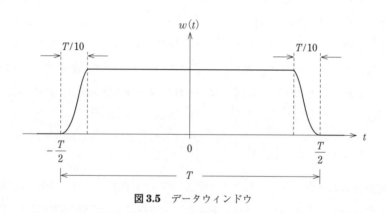

図3.5 データウィンドウ

3. FFTによるスペクトルの計算

ピリオドグラム法における観測データのフーリエ変換は，離散的に**高速フーリエ変換**（**FFT**）を用いて計算される。FFTにはいくつかの制約があり，スペクトル推定を行うときは，それを考慮した工夫が必要になる。

（1） 離散フーリエ変換

FFTは，**離散フーリエ変換（DFT）**を高速に計算するアルゴリズムである。DFTは，N個のデータ$x(0), x(1), \cdots, x(N-1)$が与えられたとき，次式で定義される。

$$X(k) = \sum_{n=0}^{N-1} x(n) e^{-j2\pi(kf_0)(nT_0)} \tag{3.12}$$

これは，フーリエ変換

$$X(f) = \int_{-\infty}^{\infty} x(t) e^{-j2\pi ft} dt \tag{3.13}$$

を時間きざみT_0，周波数きざみf_0で離散化したものに相当しており，DFTではT_0とf_0は$f_0 T_0$

$=1/N$ なる関係にあるものとしている。この関係を式(3.12)の指数関数の部分に代入して

$$e^{-j2\pi k f_0 n T_0} = e^{-j2\pi \frac{kn}{N}} = W_N^{kn} \tag{3.14}$$

とおくと，DFT は次のように表現される。

$$X(k) = \sum_{n=0}^{N-1} x(n)\, W_N^{kn} \tag{3.15}$$

ただし，$W_N = e^{-j\frac{2\pi}{N}}$

こうして得られた $X(k)$ は DFT 係数と呼ばれる。DFT 係数はデータの長さ N と同じ周期を持ち，その1周期分から離散フーリエ逆変換

$$x(n) = \frac{1}{N} \sum_{k=0}^{N-1} X(k) W_N^{-kn} \tag{3.16}$$

によって，元のデータに戻すことができる（DFT については，付録 A.1 でもう少し詳しく説明してある）。

（2） FFT 法の留意点

このように DFT では，時間きざみを T_0，周波数きざみを f_0 としているので，推定されるスペクトルには制約がつく。これも含めて FFT を用いてピリオドグラム法でスペクトル推定をするときの留意点をまとめておこう。

（ a ） 時間きざみ T_0 でもともとの観測データが標本化されているので，得られるスペクトルは，$W = 1/(2T_0)$ とおいて，$-W < f < W$ の周波数範囲に限られる。実数のデータの場合は負の周波数成分は正の成分の複素共役になっているので，実質的にはスペクトルが求まる周波数範囲は $0 \le f < W$ となる。DFT では，DFT 係数

$$X(k) \qquad (k = 0, 1, \cdots, N-1)$$

の後半部分は負の周波数成分に相当しているので，実質的に意味のあるスペクトルは前半部分 $k = 0, 1, \cdots, (N/2) - 1$（$N$ が偶数の場合）のみである。

（ b ） 時間きざみ T_0 が一定（すなわちデータの標本化周波数が一定）であるとき，周波数きざみ f_0 は

$$f_0 T_0 = \frac{1}{N} \qquad \text{つまり} \qquad f_0 = \frac{1}{N T_0} \tag{3.17}$$

であるから，データ長 N を長くすると，周波数きざみがそれに応じて細かくなる。データ長と周波数きざみにこのような関係があるので，データ長 N を長くしてもそれだけでスペクトル推定の安定性がよくなるわけではない。安定なスペクトル推定を行うためには，前述の分割平均あるいは周波数スムージングを行う必要がある。

（ c ） DFT は，N 個の離散時間データから同じ N 個の離散周波数データへの変換である

が，数学的には，それぞれの N 個を1周期分とする離散周期データの間の変換になっている。したがって，得られるスペクトルは N 個の有限個のデータのスペクトルでなく，それを1周期分とする周期データのスペクトルになっていることに注意する必要がある。

（d） DFT の高速計算アルゴリズムである FFT では，データ長は2のべき乗であることが望ましい。分割平均法でも周波数スムージング法でも，FFT を適用するときは，データに零データをつけ加えて長さを2のべき乗にする必要がある。

これらに注意すれば，FFT はスペクトル推定の有力なツールとなる。

3.4 線形モデル法によるスペクトル推定

以上述べた相関関数法とピリオドグラム法は，計算手順の違いがあるものの本質的には同じ原理のスペクトル推定法である。これに対して，まったく異なる発想のスペクトル推定法がある。これが本節で説明する線形モデル法である。

1. 線形モデル法の考え方

線形モデル法では，観測されたデータの発生機構を図 **3.6** のように仮定して，次の手順でスペクトルの推定を行う。

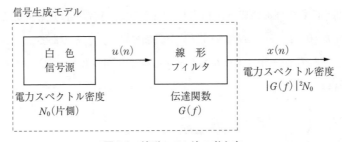

図 **3.6** 線形モデル法の考え方

手順1（信号生成モデルの構成）

まず，データ $x(n)$ が与えられたときに，図 3.6 の形の信号生成モデルを構成する。これは白色信号源と線形フィルタを組み合わせたモデルとなっている。ただし，このモデルによってデータ $x(n)$ そのものが生成されなくてもよい。目的は統計的なスペクトルの推定である

から，$x(n)$ と同じ電力スペクトル密度を持つ信号が生成されればよいものとする．

手順 2（スペクトルの推定）

構成された信号生成モデルにおける，白色信号源出力の（片側）電力スペクトル密度を N_0（定数）とする．また線形フィルタの伝達関数を $G(f)$ とする．このとき，出力の電力スペクトル密度は

$$\Phi_x(f) = |G(f)|^2 N_0 \tag{3.18}$$

で与えられる．これが線形モデル法によるスペクトル推定量である．

2. 線形モデル法の分類

ここで線形フィルタとして，**図 3.7** の形のリカーシブ（再帰型，あるいは巡回型とも呼ばれる）なディジタルフィルタを考えてみよう．この伝達関数は z 領域で

$$G(z) = \frac{a_0 + a_1 z^{-1} + a_2 z^{-2} + \cdots + a_n z^{-n}}{1 - (b_1 z^{-1} + b_2 z^{-2} + \cdots + b_m z^{-m})} = \frac{N(z)}{D(z)} \tag{3.19}$$

で与えられ，$z = \exp(j2\pi f T_0)$（T_0：標本間隔）とおけば，周波数領域の伝達関数 $G(f)$ が求められる．

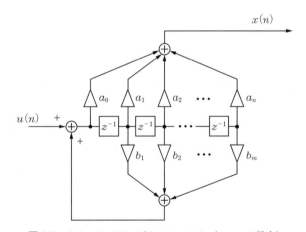

図 3.7 リカーシブディジタルフィルタ（$n = m$ の場合）

この $G(z)$ の形によって線形モデル法は次の三つに分類される．

(a) **移動平均（MA）モデル法**　分子が一次以上の多項式，分母が定数（= 1 とする）の場合で，この形の $G(z) = N(z)$ を仮定する方法を移動平均モデル（moving average model），略して MA モデル法という．

(b) **自己回帰（AR）モデル法**　分母が一次以上の多項式，分子が定数（= 1 とする）の場合で，この場合の $G(z) = 1/D(z)$ を自己回帰モデル（autoregressive model），略して AR モデル法という．

（c） **自己回帰-移動平均（ARMA）モデル法**　分母と分子がともに一次以上の多項式の場合で，これを自己回帰-移動平均モデル（autoregressive moving average model），略して ARMA モデル法という。

ここに，移動平均という名称は，（a）の場合にフィルタの入出力関係が

$$x(n) = \sum_{l=0}^{n} a_l u(n-l) \tag{3.20}$$

と表現され，$x(n)$ が入力 $u(n)$ の重みづけ移動平均になっていることによる。また，自己回帰という名称は，（b）の場合にフィルタの入出力関係が

$$x(n) = \sum_{l=1}^{m} b_l x(n-l) + u(n) \tag{3.21}$$

ただし，$a_0 = 1$

の形の自己回帰式になっていることによる。

なお，$G(z)$ の極（分母多項式の根）と零点（分子多項式の根）の有無に着目して，MA モデルを**全零型モデル**，AR モデルを**全極型モデル**，ARMA モデルを**極-零型モデル**と呼ぶこともある。この名称は音声工学で声道伝達関数を $G(z)$ で近似するときによく用いられている。

3. 最大エントロピー法

さて，問題は観測データが与えられたときに，これから線形生成モデルを構成する手法である。白色信号源の出力スペクトル N_0（片側）と線形フィルタの係数パラメータ a_0, a_1, $\cdots$, a_n, b_1, b_2, $\cdots$, b_m を決定することがここでの課題となる。

MA モデル法，AR モデル法，ARMA モデル法の三つのモデル法の中でもっともよくその性質が調べられているのが自己回帰モデル法（AR モデル法，全極型モデル法）である。これは第 7 章で述べる線形予測理論と密接な関係があることが知られており，その立場から美しい理論体系が構築されている。MA モデル法，ARMA モデル法についても計算アルゴリズムが知られているが，AR モデル法に比べるとかなり複雑になる。

自己回帰モデルを図 3.6 の信号生成モデルとして採用することとすれば，その係数を用いて，出力 $x(n)$ の電力スペクトル密度は

$$\Phi_x(f) = \frac{N_0}{\left| 1 - \sum_{l=1}^{m} b_l \exp(-j2\pi f l T_0) \right|^2} \qquad (f \geq 0) \tag{3.22}$$

で与えられる。ここに，T_0 は離散時間信号として与えられた $x(n)$ の標本間隔である。

詳細は省略するけれども，こうして自己回帰モデルに基づいて導かれたスペクトルは，先に述べた相関関数法（ブラックマン・チューキー法）の一つの変形としてとらえることもで

きる．すなわち，**図 3.8** のように有限長の自己相関関数が与えられたとき，相関関数法では図（a）のようにラグウィンドウを掛けてからフーリエ変換を行っていたが，ここでは図（b）のように自己相関関数を外挿してから変換することを考える．このとき，自己相関関数はできるだけ自然に，無理のない形に外挿することが望ましい．

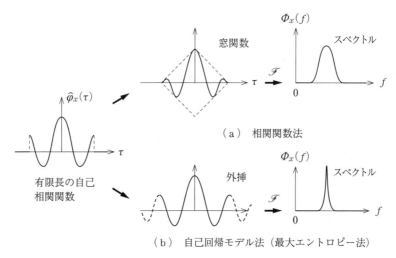

図 3.8 相関関数法と自己回帰モデル法の関係

地震学者バーグは，"外挿の自然さ"の尺度として，信号系列の情報理論的なエントロピーを最大にすることを提案した．そして，線形モデルを仮定してそのような形に外挿を行ったときに，推定される電力スペクトル密度が，自己回帰モデルに基づいて計算される式 (3.22) と一致することを明らかにした．その意味で自己回帰モデルに基づくスペクトル推定法を**最大エントロピー法**（maximum entropy method），略して **MEM** と呼ぶこともある．

自己回帰モデルによる最大エントロピー法は，与えられた信号の時間長がそれほど長くない場合でも，高い周波数分解能が得られることが特徴である．一般に信号に特定の周波数成分が含まれていて，スペクトルが一部の周波数で急峻なときは，最大エントロピー法が有利である．ただし，信号の時間長が短すぎるときは，スペクトルが不安定になり，間違った推定を行ってしまうこともあるので注意が必要である．

以上，線形生成モデル法についてその概略を説明した．自己回帰モデル法で用いられるアルゴリズムの詳細については第 7 章で詳しく述べるので必要に応じて参照されたい．

理解度チェック

3.1（スペクトル推定法の比較）

本章では，信号の電力スペクトル密度を推定するための手法として，相関関数法（間接法，ブラックマン・チューキー法），ピリオドグラム法（直接法，FFT 法），線形モデル法を紹介した。それぞれの手法の特徴をまとめて比較せよ。

3.2（ウィンドウ）

スペクトル推定に際しては，ラグウィンドウ，スペクトルウィンドウ，データウィンドウなどが用いられる。それぞれがどのような処理であるかを説明し，その特徴・用途を述べよ。

4

信号のベクトル表現と
その扱い

概　要

　本章は，本書の前半と後半をつなぐ章で，信号
をまとめてベクトルとして扱うことを学ぶ。ベク
トル信号の統計量として平均値ベクトルと共分散
行列を定義して，この二つの統計量で記述できる
代表的な分布として多次元ガウス分布を紹介する。
　またベクトル信号の線形変換によって統計量が
どう変わるかを学び，最後に代表的な線形変換と
して直交変換の解説を行う。

4.1 ベクトル信号

　次章以降で述べる統計的信号処理フィルタでは，カルマンフィルタのように信号を一括してベクトルとして扱うことも多い。本章ではその準備として，ベクトルを用いた信号の扱い方を学ぶ。

1. ベクトル

　ベクトルは，有限個，例えば N 個の変数 $x_1,\ x_2,\ \cdots,\ x_N$ を並べたものである。これには縦ベクトルと横ベクトルがある。本書では縦ベクトルとするが，紙面を節約するために，これを転置して表記することもある。すなわち

$$\boldsymbol{x} = \begin{bmatrix} x_1 \\ x_2 \\ \vdots \\ x_N \end{bmatrix}, \qquad \boldsymbol{x}^{\mathrm{T}} = (x_1, x_2, \cdots, x_N) \tag{4.1}$$

ここに，T はベクトルの転置を表す。

　式(4.1)は長さ N のベクトルである。縦ベクトルを 1 列だけの行列とみなして大きさ $N \times 1$ のベクトル（行列），横ベクトルを大きさ $1 \times N$ のベクトル（行列）と呼ぶこともある。ベクトルの演算ではこの大きさが問題になることもあるので，ベクトルを用いた式でこの大きさを付記することもある。

　例えば，長さが等しい横ベクトルと縦ベクトルの内積は

$$\underset{1 \times N}{\boldsymbol{x}^{\mathrm{T}}} \underset{N \times 1}{\boldsymbol{y}} = \underset{1 \times N}{(x_1, x_2, \cdots, x_N)} \underset{N \times 1}{\begin{bmatrix} y_1 \\ y_2 \\ \vdots \\ y_N \end{bmatrix}} = \underset{1 \times 1}{\sum_{i=1}^{N} x_i y_i} \tag{4.2}$$

と表現される。内積は結果として 1×1，つまりスカラー値となる。

　逆に長さ M の縦ベクトルと長さ N の横ベクトルを掛けると

$$\underset{M \times 1}{\boldsymbol{x}} \underset{1 \times N}{\boldsymbol{y}^{\mathrm{T}}} = \underset{M \times 1}{\begin{bmatrix} x_1 \\ x_2 \\ \vdots \\ x_M \end{bmatrix}} \underset{1 \times N}{(y_1, y_2, \cdots, y_N)} = \underset{M \times N}{\begin{bmatrix} x_1 y_1 & x_1 y_2 & \cdots & x_1 y_N \\ x_2 y_1 & x_2 y_2 & \cdots & x_2 y_N \\ \vdots & \vdots & \ddots & \vdots \\ x_M y_1 & x_M y_2 & \cdots & x_M y_N \end{bmatrix}} \tag{4.3}$$

となり，結果は $M \times N$ の行列となる。

　ベクトル $\boldsymbol{x}$ は，その成分 $(x_1, x_2, \cdots, x_N)$ を N 次元空間の座標とみなすと空間の一つの点

となり，その幾何学的な表現が可能となる。**図 4.1**（a）は二次元の例である。図にあるように，この点へ向けて座標の原点から矢印を引くと，空間（図では平面）に位置ベクトルが定義される。この位置ベクトルの矢印の長さをベクトル $\boldsymbol{x}$ の**ノルム**（norm）と呼び，$\|\boldsymbol{x}\|$ と記す。これは，二次元の場合はピタゴラスの定理によって

$$\|\boldsymbol{x}\| = \sqrt{x_1^2 + x_2^2} \tag{4.4}$$

N 次元の場合は

$$\|\boldsymbol{x}\| = \sqrt{x_1^2 + x_2^2 + \cdots + x_N^2} = \sqrt{\sum_{i=1}^{N} x_i^2} \tag{4.5}$$

となる。

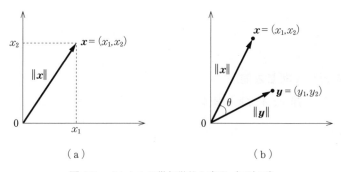

図 4.1 ベクトルの幾何学的な表現（二次元）

ベクトル $\boldsymbol{x}$ と $\boldsymbol{y}$ が与えられたとき，その内積 $\boldsymbol{x}^\mathrm{T}\boldsymbol{y}$ と，それぞれのノルム $\|\boldsymbol{x}\|$，$\|\boldsymbol{y}\|$ の間に

$$|\boldsymbol{x}^\mathrm{T}\boldsymbol{y}| \leq \|\boldsymbol{x}\|\,\|\boldsymbol{y}\| \tag{4.6}$$

となる不等式が成り立ち

$$\boldsymbol{x}^\mathrm{T}\boldsymbol{y} = \|\boldsymbol{x}\|\,\|\boldsymbol{y}\|\cos\theta \tag{4.7}$$

をみたす角度 θ を定義することができる。これは N 次元空間にあって二つのベクトル $\boldsymbol{x}$ と $\boldsymbol{y}$ の間の角度となっている（図 4.1（b）参照）。

角度 θ が 90°（直角）であるとき，式(4.6)の内積は 0 となる。このとき $\boldsymbol{x}$ と $\boldsymbol{y}$ は**直交**（orthogonal）しているという。角度 θ が 0°のときは，内積はそれぞれのベクトルのノルムの積になる。特に $\boldsymbol{x}=\boldsymbol{y}$ のときは，内積は

$$\boldsymbol{x}^\mathrm{T}\boldsymbol{x} = \|\boldsymbol{x}\|^2 = \sum_{i=1}^{N} x_i^2 \tag{4.8}$$

すなわち同じベクトルどうしの内積は，そのノルムの二乗になる。

2. ベクトル信号の例

いくつかベクトル信号の例を挙げておこう。

例1（有限長の離散時間信号とそのDFT係数）

図4.2 に示す有限長の離散時間信号は，並べればベクトルとなる。すなわち

$$\boldsymbol{x}^\mathrm{T} = (x(1), x(2), \cdots, x(N)) \tag{4.9}$$

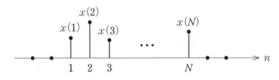

図4.2　有限長の離散時間信号

離散フーリエ変換（DFT）では，N 個の離散時間信号が同じ N 個の DFT 係数に変換される。変換された DFT 係数も並べればベクトル信号となる。

例2（連続時間信号の関数展開）

時間波形 $x(t)$ が N 個の基本波形の線形和で

$$x(t) = \sum_{i=1}^{N} a_i \phi_i(t) \tag{4.10}$$

と表現できるときは，この係数 $a_1, a_2, \cdots, a_N$ を並べた

$$\boldsymbol{a}^\mathrm{T} = (a_1, a_2, \cdots, a_N) \tag{4.11}$$

は $x(t)$ を表すベクトル信号となる。基本波形を例えば正弦波とすれば，$\boldsymbol{a}$ は周波数係数となる。基本波形を標本化関数とすると，係数はその時点での標本値となる。

例3（気象データ）

より一般的に N 個の観測データを並べたベクトルであってよい。例えばある地点のある時刻の気象データを並べて，次のようなベクトルを定義できる。

$$\boldsymbol{x}^\mathrm{T} = (気温, 湿度, 気圧, 風速)$$

例4（脳　波）

ベクトルは時間の関数であってもよい。図4.3 のように複数の電極から観測された脳波

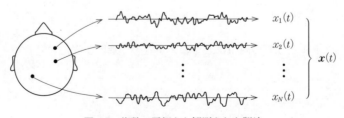

図4.3　複数の電極から観測された脳波

は，それぞれを成分とする連続時間ベクトル信号となる。

例5（フィルタでの直前のN個の信号値）

図4.4に示す離散時間フィルタの入出力関係は

$$y(n) = \sum_{k=0}^{N-1} c_k x(n-k) \tag{4.12}$$

と表される。ここでn時点のベクトル信号を

$$\boldsymbol{x}(n)^{\mathrm{T}} = (x(n), x(n-1), \cdots, x(n-N+1)) \tag{4.13}$$

で定義して，係数$c_0, c_1, \cdots, c_{N-1}$もベクトルで

$$\boldsymbol{c}^{\mathrm{T}} = (c_0, c_1, \cdots, c_{N-1}) \tag{4.14}$$

と表現すると，式(4.7)は次のように記述される。

$$y(n) = \boldsymbol{c}^{\mathrm{T}} \boldsymbol{x}(n) \tag{4.15}$$

ここに$\boldsymbol{x}(n)$は，n時点の$x(n)$も含めて直前のN個のシステム入力を並べたもので，1時点前の$\boldsymbol{x}(n-1)$

$$\boldsymbol{x}(n-1)^{\mathrm{T}} = (x(n-1), x(n-2), \cdots, x(n-N)) \tag{4.16}$$

の成分を一つずつずらしたものになっている。

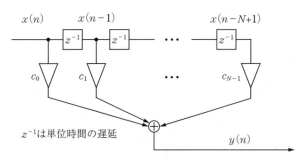

図4.4 離散時間フィルタ

例6（システムの状態ベクトル）

n時点でシステムに記憶されている信号値を並べた例5の$\boldsymbol{x}(n)$は，その時点のシステムの状態であると解釈することができる。システムの状態を表す変数は，必ずしも時間的に並んでいなくてもよい。ある時点でシステムの状態を表している変数をベクトルの形で並べたものを，システムの状態ベクトルと呼ぶ。例えば第6章で扱うカルマンフィルタでは，この状態ベクトルが重要な役割を果たしている。

72   4. 信号のベクトル表現とその扱い

4.2 ベクトル信号の統計的性質

このようなベクトル信号の統計的性質はどう記述されるのであろうか。長さNのベクトルには変数がN個あるので，その確率分布は次のようにN次の結合確率密度関数（ベクトル信号を対象とするときも，確率はスカラー量である）で記述される。

$$p(\boldsymbol{x}) = p(x_1, x_2, \cdots, x_N) \tag{4.17}$$

本節では，この結合確率密度関数を特徴づける平均値ベクトルと共分散行列についてまず説明することにする。なお，本章では原則としてベクトルの成分が実数である場合を扱う（複素数への拡張は，例えば理解度チェック 4.1 で確認してほしい）。

1. 平均値ベクトルと共分散行列

平均値ベクトルと共分散行列は次のように定義される。

定義 4.1（平均値ベクトルと共分散行列）

平均値ベクトル（mean vector）は，ベクトルのそれぞれの成分の平均値を並べたもので

$$\underset{N \times 1}{E[\boldsymbol{x}]} = \begin{bmatrix} E[x_1] \\ E[x_2] \\ \vdots \\ E[x_N] \end{bmatrix} = \underset{N \times 1}{\boldsymbol{m}_x} \tag{4.18}$$

で定義される。

共分散行列は，ベクトルに含まれる成分の間の共分散（平均値のまわりのモーメント）を行列の形で並べたものである。すなわち，i番目とj番目の成分の平均値を除いた値を新たに

$$x_i' = x_i - E[x_i] \tag{4.19}$$

$$x_j' = x_j - E[x_j] \tag{4.20}$$

と記すことにすれば，この相関$E[x_i' x_j']$を(i,j)成分とする行列

$$\underset{N \times N}{\Sigma_x} = \begin{bmatrix} E[x_1' x_1'] & E[x_2' x_1'] & \cdots & E[x_N' x_1'] \\ E[x_1' x_2'] & E[x_2' x_2'] & \cdots & E[x_N' x_2'] \\ \vdots & \vdots & \ddots & \vdots \\ E[x_1' x_N'] & E[x_2' x_N'] & \cdots & E[x_N' x_N'] \end{bmatrix} \tag{4.21}$$

が**共分散行列**（covariance matrix）である。

---

2. 共分散行列の性質

共分散行列は，$\boldsymbol{x} - E[\boldsymbol{x}]$の縦ベクトルと横ベクトルの積の平均としても表現できる。

$$\underset{N \times N}{\Sigma_x} = E[\,\underset{N \times 1}{(\boldsymbol{x} - E[\boldsymbol{x}])}\,\underset{1 \times N}{(\boldsymbol{x} - E[\boldsymbol{x}])^{\mathrm{T}}}\,] \tag{4.22}$$

共分散行列の非対角成分は，iとjを入れ替えても等しい。すなわち，共分散行列は実対称行列である。

また，式(4.21)から明らかなように，共分散行列の対角成分は，それぞれの変数の分散である。これをσ_i^2と記せば

$$E[x_i' x_i'] = E[(x_i')^2] = \sigma_i^2 \tag{4.23}$$

このそれぞれの分散の総和

$$\sum_{i=1}^{N} \sigma_i^2 = \sum_{i=1}^{N} E[(x_i - E[x_i])^2] \tag{4.24}$$

は，ベクトル$\boldsymbol{x} - E[\boldsymbol{x}]$の二乗ノルムを平均したもの

$$E[\|\boldsymbol{x} - E[\boldsymbol{x}]\|^2]$$

に等しい。これがベクトル信号$\boldsymbol{x}$の共分散行列Σ_xが与えられたときの対角成分の和である。一般に正方行列の対角成分の和は，行列の**トレース**（trace）と呼ばれる。

これより共分散行列には次の特徴があることがわかる。

定理 4.1（共分散行列の性質）

実数値をとるベクトル信号$\boldsymbol{x}$の共分散行列には次の性質がある。

1) 実対称行列である。

2) 対角成分は$\boldsymbol{x}$のそれぞれの成分の分散であって必ず非負の実数である。

3) 対角成分の和（トレース）は，ベクトル$\boldsymbol{x}$の二乗ノルムの平均になる。

4) $\boldsymbol{x}$の成分それぞれがたがいに無相関であるときは，共分散行列は対角行列となる。

ここでは詳細な説明は省略するが，共分散行列の固有値$\lambda_1, \lambda_2, \cdots, \lambda_N$は非負の実数である。このような行列は半正定値であると呼ばれる。この固有値を用いると，共分散行列のトレースは固有値の和，行列式は固有値の積で表される。すなわち

$$\text{トレース}: \text{trace}[\Sigma_x] = \lambda_1 + \lambda_2 + \cdots + \lambda_n \tag{4.25}$$

$$\text{行列式}: |\Sigma_x| = \lambda_1 \lambda_2 \cdots \lambda_n \tag{4.26}$$

このトレースは上で述べたように$E[\|\boldsymbol{x} - E[\boldsymbol{x}]\|^2]$に等しい。

定理 4.1 にあるように，共分散行列ではその対角成分や固有値などが重要な意味を持つ。これらはベクトルの成分のエネルギーに相当する統計量である。これを加えた共分散行列の

74   4. 信号のベクトル表現とその扱い

トレースは，ベクトル信号全体のエネルギーとなっている。共分散行列の対角成分や固有値が非負になっているのは，それぞれがエネルギーとしての意味を持つためである。第2章あるいは第3章で述べた電力スペクトル密度も，その名の通り信号の電力（時間当りのエネルギー）を周波数成分ごとに記述したもので，当然ながら非負である。このようにそれぞれの統計量を物理的なイメージと関連づけると，信号処理そのものも理解しやすくなる。

なお，式(4.21)の共分散行列は一つのベクトル信号 x に対して定義されたが，これを一般化すると，二つのベクトル信号の間で**相互共分散行列**を定義することもできる。また共分散行列は，平均値ベクトルを差し引いて平均値のまわりのモーメントとして定義したが，平均値ベクトルを差し引かずにそのままの相関で定義した**相関行列**もある（理解度チェック4.2参照）。

3. 線形変換されたベクトル信号の統計量

長さ N のベクトル信号 x を $M{\times}N$ の行列 A で線形変換して

$$\underset{M\times 1\ M\times N\ N\times 1}{y = A\ x} \tag{4.27}$$

とすると，長さ M のベクトル信号 y の平均値ベクトルや共分散行列はどうなるのであろうか。これも定理の形でまとめておこう。

定理4.2（線形変換された信号の平均値ベクトルと共分散行列）

平均値ベクトル m_x，共分散行列 Σ_x を持つベクトル信号 x が，行列 A によって線形変換されたとき，y の平均値ベクトル m_y と共分散行列 Σ_y は，それぞれ次のようになる。

$$\text{平均値ベクトル}: \underset{M\times 1\quad M\times N\ N\times 1}{m_y = A\ m_x} \tag{4.28}$$

$$\text{共分散行列}: \underset{M\times M\ M\times N\ N\times N\ N\times M}{\Sigma_y = A\ \Sigma_x\ A^{\mathrm{T}}} \tag{4.29}$$

【証明】 平均値ベクトルについては，$E[y]=AE[x]$ より自明である。共分散行列は

$$y - m_y = Ax - Am_x = A(x - m_x) \tag{4.30}$$

に注意すると

$$E[(y-m_y)(y-m_y)^{\mathrm{T}}] = AE[(x-m_x)(x-m_x)^{\mathrm{T}}]A^{\mathrm{T}} \tag{4.31}$$

より，式(4.29)が成り立つ。   （証明終わり）

この関係式は，ベクトル信号の推定問題を扱うときにたびたび使われるので覚えておいてほしい。

4.3 多次元ガウス分布

1. 多次元ガウス分布の定義

平均値ベクトルと共分散行列を用いて記述される代表的な確率分布にガウス分布がある。これは一次元の場合は，平均値が m，分散が σ^2 であるとき

$$p(x) = \frac{1}{\sqrt{2\pi\sigma^2}} e^{-\frac{1}{2} \cdot \frac{(x-m)^2}{\sigma^2}} \tag{4.32}$$

で定義された。これを N 次元に拡張したものが **多次元ガウス分布**（multidimensional Gaussian distribution，多変量ガウス分布ともいう）である。これは次のように定義される。

定義 4.2（多次元ガウス分布）

結合確率密度関数が次式で与えられる多次元分布を多次元ガウス分布という。

$$p(\boldsymbol{x}) = \frac{1}{\sqrt{(2\pi)^N |\Sigma_x|}} e^{-\frac{1}{2}(\boldsymbol{x}-\boldsymbol{m}_x)^{\mathrm{T}} \Sigma_x^{-1}(\boldsymbol{x}-\boldsymbol{m}_x)} \tag{4.33}$$

ここに，$\boldsymbol{m}_x = E[\boldsymbol{x}]$ はベクトル信号 $\boldsymbol{x}$ の平均値ベクトル，Σ_x は共分散行列，$|\Sigma_x|$ はその行列式である。

これは N 次元の定義式をそのまま記したので，少し込み入った表現になっている。簡単な例で説明しよう。

例（変数が統計的に独立な二次元ガウス分布）

$N=2$ で，変数の x_1 と x_2 がそれぞれガウス分布で，しかも統計的に独立である場合を考える。それぞれのガウス分布の平均値を m_1，m_2，分散を σ_1^2，σ_2^2 とすれば

$$p(x_1) = \frac{1}{\sqrt{2\pi\sigma_1^2}} e^{-\frac{1}{2} \cdot \frac{(x_1-m_1)^2}{\sigma_1^2}} \tag{4.34}$$

$$p(x_2) = \frac{1}{\sqrt{2\pi\sigma_2^2}} e^{-\frac{1}{2} \cdot \frac{(x_2-m_2)^2}{\sigma_2^2}} \tag{4.35}$$

一方で，x_1 と x_2 は統計的に独立しているから結合確率密度関数は

$$p(x_1, x_2) = p(x_1) p(x_2) \tag{4.36}$$

となる。これに式(4.34)，(4.35)を代入して変形すると

$$p(x_1, x_2) = \frac{1}{\sqrt{(2\pi)^2 \sigma_1^2 \sigma_2^2}} e^{-\frac{1}{2}\left(\frac{(x_1-m_1)^2}{\sigma_1^2} + \frac{(x_2-m_2)^2}{\sigma_2^2}\right)} \tag{4.37}$$

ここに，指数関数の肩の（・）内は次のような形となっている。

$$\frac{(x_1-m_1)^2}{\sigma_1{}^2}+\frac{(x_2-m_2)^2}{\sigma_2{}^2}$$

これはベクトルと行列で表現すると

$$(x_1-m_1, x_2-m_2)\begin{bmatrix}1/\sigma_1{}^2 & 0 \\ 0 & 1/\sigma_2{}^2\end{bmatrix}\begin{pmatrix}x_1-m_1 \\ x_2-m_2\end{pmatrix}$$

$$=(x_1-m_1, x_2-m_2)\begin{bmatrix}\sigma_1{}^2 & 0 \\ 0 & \sigma_2{}^2\end{bmatrix}^{-1}\begin{pmatrix}x_1-m_1 \\ x_2-m_2\end{pmatrix} \tag{4.38}$$

となる。また係数の分母の平方根の中にある分散の積は

$$\sigma_1{}^2\sigma_2{}^2=\begin{vmatrix}\sigma_1{}^2 & 0 \\ 0 & \sigma_2{}^2\end{vmatrix} \tag{4.39}$$

のように行列式を用いて表現できる。したがって

$$\boldsymbol{x}-\boldsymbol{m}_x=(x_1-m_1, x_2-m_2)^{\mathrm{T}} \tag{4.40}$$

$$\Sigma_x=\begin{bmatrix}\sigma_1{}^2 & 0 \\ 0 & \sigma_2{}^2\end{bmatrix} \tag{4.41}$$

とおけば

$$p(x_1, x_2)=\frac{1}{\sqrt{(2\pi)^2|\Sigma_x|}}e^{-\frac{1}{2}(\boldsymbol{x}-\boldsymbol{m}_x)^{\mathrm{T}}\Sigma_x^{-1}(\boldsymbol{x}-\boldsymbol{m}_x)} \tag{4.42}$$

となる。これは式(4.33)の多次元ガウス分布にほかならない。

この例では x_1 と x_2 は統計的に独立であるとしたので，共分散行列は対角行列になった。より一般の相関がある場合も含めて多次元ガウス分布を表現したのが定義4.2である。

図**4.5** に二次元のガウス分布の例を示す。これは x_1 あるいは x_2 を固定してそれぞれの断面で見ても，あるいは任意の断面で見てもガウス分布になっている。

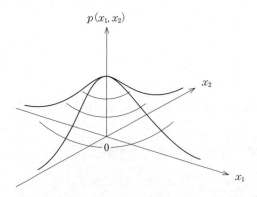

図4.5 二次元ガウス分布（ただし，$m_1=m_2=0$）

2. 分布の値が等しい x の軌跡

多次元ガウス分布において，ベクトル x が分布の値に関係しているのは，指数関数の肩の部分だけである。これは二次形式の形になっている。これが定数，すなわち

$$\underset{1\times N}{(x-m_x)^{\mathrm{T}}}\underset{N\times N}{\Sigma_x^{-1}}\underset{N\times 1}{(x-m_x)} = \underset{1\times 1}{c}(\text{スカラー}) \tag{4.43}$$

となる x は，分布 $p(x)$ の値が等しい x の軌跡，つまり等高線となる。

二次元の場合について，これを調べてみよう。まず，x_1 と x_2 が無相関（つまり共分散行列が対角行列）な場合は，$c=1$ とおくと

$$\frac{(x_1-m_1)^2}{\sigma_1^2}+\frac{(x_2-m_2)^2}{\sigma_2^2}=1 \tag{4.44}$$

が等高線の方程式になる。これは**図 4.6**（a）のような楕円になる。$\sigma_1>\sigma_2$ とすれば，$2\sigma_1$ が長軸の長さ，$2\sigma_2$ が短軸の長さになる。さらに条件を厳しくして $\sigma_1=\sigma_2$ とすれば，楕円は図（b）の円となる。

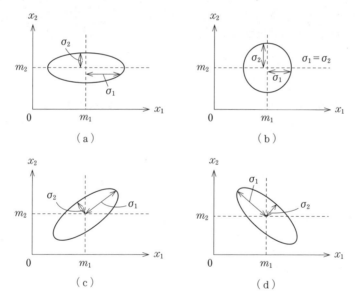

図 4.6 二次元ガウス分布の等高線

一方，二つの変数 x_1 と x_2 に相関がある場合は，その相関が正であるか負であるかによって図（c）あるいは図（d）のように傾いた楕円になる。

78   4. 信号のベクトル表現とその扱い

4.4 直交変換

　信号解析や信号処理の分野では直交変換がよく用いられている。なぜなのだろうか。その
キーワードは対角化である。すなわち直交変換によって，1）共分散行列の対角化，あるい
は，2）変換行列の対角化ができて，これにより信号の扱いが容易になり，さらには見通し
がよくなるからである。ここでは，代表的な直交変換の例を示すことによって，この対角化
がなされていることを説明しよう。

1. 直交行列と直交変換
　次の条件をみたす実数の正方行列を**直交行列**（orthogonal matrix）という。

定義 4.3（直交行列）

　　直交行列：$T^{\mathrm{T}}T = I$（単位行列）

をみたす実数行列を直交行列という。

直交行列では，その異なる行どうし，あるいは列どうしの内積は 0 になっている。ベクトル
の内積が 0 になるとき，その二つのベクトルは直交しているといい，直交行列という名称は
ここから来ている。

　この直交行列を用いた線形変換が**直交変換**（orthogonal transform）である。

2. 直交変換の例
1）カルーネン・レーベ変換
　ベクトル信号の共分散行列は，線形変換によって定理 4.2 の式(4.29)，すなわち

$$\Sigma_y = T \Sigma_x T^{\mathrm{T}} \tag{4.45}$$

のように変化する。ここに Σ_x は変換前の x の共分散行列，Σ_y は変換後の y の共分散行
列である。

　カルーネン・レーベ変換（Karhunen–Loeve transform）は，**図 4.7** に示すようにベク
トル信号 y の共分散行列が対角行列になるように変換する直交変換である。変換後の共
分散行列が対角行列になることは，出力において成分の間の相関がなくなることを意味
する。相関がなければ，それぞれの出力成分を独立に扱うことが可能になり，信号処理
が極めて楽になる。

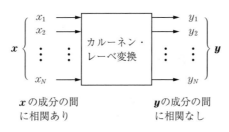

図 4.7 カルーネン・レーベ変換

　この共分散行列の対角化問題は，線形代数において正方行列 Σ_x の固有値と固有ベクトルを求める問題にほかならない。線形代数によれば，実対称行列である共分散行列は，直交行列で対角化できる。この直交行列は x の共分散行列 Σ_x の固有ベクトルを並べたものとなり，これを用いた変換がカルーネン・レーベ変換である。このとき，対角化された y の共分散行列の対角成分は，x の共分散行列 Σ_x の固有値になる。

　一般に直交変換は信号空間の回転を与えている。したがって，信号が多次元ガウス分布をしているときは，図 4.6 に示した分布の等高線がいかに回転するかによって，直交変換を特徴づけることができる。この立場からカルーネン・レーベ変換は，もともとは例えば図 4.6（c）あるいは図（d）のように傾いていた分布を，回転させることによって図（a）のように傾きをなくす変換であると解釈できる。

　多変量解析の分野で使われている**主成分分析**（principal component analysis）は，数学的にはこのカルーネン・レーベ変換と同じであると考えてよい。主成分分析では，対角化された共分散行列の対角成分（固有値）が大きい順に並ぶように変換しており，それぞれに対応する軸を，大きさの順に第 1 主成分の軸，第 2 主成分の軸，…と呼んでいる。このとき，主成分の大きさ，すなわち共分散行列の対角成分（固有値）がある程度小さくなったときは，それ以上の主成分は近似的に 0 とみなして無視することができる。主成分分析は，このようにして信号の実質的な次元を減らして，データを縮約する手法である。

2） 離散フーリエ変換

　カルーネン・レーベ変換は，信号の共分散行列に基づいて構成され，その形に依存する。これに対して固定された直交変換行列もある。

　その代表が，有限長の離散時間信号をフーリエ変換するときに使われる**離散フーリエ変換**（**DFT**）である。離散フーリエ変換では，逆変換するときに $1/N$ 倍する必要があるが（式(4.21)参照），これを変換と逆変換に $1/\sqrt{N}$ 倍ずつ割り振って

$$\frac{1}{\sqrt{N}} \begin{bmatrix} W_N{}^{ij} \text{を} (i,j) \text{成分} \\ \text{とする行列} \end{bmatrix}$$

ただし，$W_N = e^{-j\frac{2\pi}{N}}$

で変換を定義すれば，$1/\sqrt{N}$ も含めた変換行列は直交行列（複素数であるので厳密には
ユニタリ行列）となる。

3) アダマール変換

成分が基本的には $+1$ と -1 だけであるという変わった直交行列がある。**アダマール
行列**（Hadamard matrix）と呼ばれているものがこれである。ここでは 2 次，4 次，8 次
の例を示すにとどめておく。ここに，$+1$ と -1 をそれぞれ $+$ と $-$ で示している。

$$\frac{1}{\sqrt{2}} \begin{bmatrix} + & + \\ + & - \end{bmatrix} \quad \frac{1}{\sqrt{4}} \begin{bmatrix} + & + & + & + \\ + & - & + & - \\ + & + & - & - \\ + & - & - & + \end{bmatrix} \quad \frac{1}{\sqrt{8}} \begin{bmatrix} + & + & + & + & + & + & + & + \\ + & - & + & - & + & - & + & - \\ + & + & - & - & + & + & - & - \\ + & - & - & + & + & - & - & + \\ + & + & + & + & - & - & - & - \\ + & - & + & - & - & + & - & + \\ + & + & - & - & - & - & + & + \\ + & - & - & + & - & + & + & - \end{bmatrix}$$

2次　　　　　4次　　　　　　　　　8次

直交行列であるから，それぞれの行は直交している。アダマール行列を用いたアダマー
ル変換は，変換が加減算のみで実行できることが特徴である。またきれいな構造をして
いるので，FFT に似た高速計算アルゴリズムも知られている。

信号処理を目的とした直交変換はこのほかにも数多く提案されている。離散フーリエ変換
を変形した**離散コサイン変換**（discrete cosine transform，**DCT**）は，画像信号の統計的性質
と相性がよく，画像符号化の基本ツールとなっている。

3. グラム・シュミットの直交化法

直交行列のそれぞれの行 $\boldsymbol{u}_i$ はたがいに直交して，その内積は

$$\boldsymbol{u}_i{}^{\mathrm{T}} \boldsymbol{u}_j = \begin{cases} 1 & (i=j) \\ 0 & (i \neq j) \end{cases} \tag{4.46}$$

をみたす。このようなベクトルは正規直交系を構成しているといわれる。

与えられた N 個の一次独立なベクトル $\boldsymbol{v}_1,\ \boldsymbol{v}_2,\ \cdots,\ \boldsymbol{v}_N$ から，N 個の正規直交しているベク
トル $\boldsymbol{u}_1,\ \boldsymbol{u}_2,\ \cdots,\ \boldsymbol{u}_N$ を作る方法として，**グラム・シュミットの直交化法**（Gram–Schmidt
orthonormalization）が知られている。信号処理ではたびたび登場するので，以下そのアルゴ

リズムを示しておこう。以下ではベクトル $\boldsymbol{v}$ のノルムを $\|\boldsymbol{v}\|$ と記すことにする。

1) まず与えられた N 個の中から代表的な 1 個（ここでは $\boldsymbol{v}_1$ とする）を取り出す。これをそのノルム $\|\boldsymbol{v}_1\|$ で割って正規化して，最初のベクトル $\boldsymbol{u}_1$ とする。すなわち

$$\boldsymbol{u}_1 = \frac{\boldsymbol{v}_1}{\|\boldsymbol{v}_1\|} \tag{4.47}$$

2) 次に $\boldsymbol{v}_2$ から，$\boldsymbol{u}_1$ に依存している部分を差し引いて，$\boldsymbol{u}_1$ と直交するベクトル $\boldsymbol{v}_2'$ を次式で作り出す。

$$\boldsymbol{v}_2' = \boldsymbol{v}_2 - k_{21}\boldsymbol{u}_1 \tag{4.48}$$

ここに，k_{21} は，$\boldsymbol{v}_2'$ と $\boldsymbol{u}_1$ が直交（内積が 0）するように定められる。すなわち

$$\boldsymbol{v}_2'^{\mathrm{T}}\boldsymbol{u}_1 = (\boldsymbol{v}_2 - k_{21}\boldsymbol{u}_1)^{\mathrm{T}}\boldsymbol{u}_1 = \boldsymbol{v}_2^{\mathrm{T}}\boldsymbol{u}_1 - k_{21} = 0 \tag{4.49}$$

より

$$k_{21} = \boldsymbol{v}_2^{\mathrm{T}}\boldsymbol{u}_1 \tag{4.50}$$

となるから，式(4.48)は次のように表現できる。

$$\boldsymbol{v}_2' = \boldsymbol{v}_2 - (\boldsymbol{v}_2^{\mathrm{T}}\boldsymbol{u}_1)\boldsymbol{u}_1 \tag{4.51}$$

これを正規化して 2 番目のベクトル

$$\boldsymbol{u}_2 = \frac{\boldsymbol{v}_2'}{\|\boldsymbol{v}_2'\|} \tag{4.52}$$

が得られる。

3) 一般に $\boldsymbol{u}_{n-1}$ まで直交しているベクトルが求まっているときは，次の $\boldsymbol{v}_n$ を用いて

$$\boldsymbol{v}_n' = \boldsymbol{v}_n - \sum_{i=0}^{n-1} (\boldsymbol{v}_n^{\mathrm{T}}\boldsymbol{u}_i)\boldsymbol{u}_i \tag{4.53}$$

を求めて，これを正規化

$$\boldsymbol{u}_n = \frac{\boldsymbol{v}_n'}{\|\boldsymbol{v}_n'\|} \tag{4.54}$$

すれば n 番目のベクトルが得られる。これを N 個のベクトルが得られるまで続ければよい。これがグラム・シュミットの直交化法である。

82   4. 信号のベクトル表現とその扱い

理解度チェック

4.1 （複素ベクトル信号の共分散行列）

本章では，原則として実数値のベクトル信号を扱ってきた。ベクトルの成分が一般的に複素数であるときは，その共分散行列は，次式で定義される。

$$\Sigma_x = E[(\boldsymbol{x} - E[\boldsymbol{x}])(\boldsymbol{x} - E[\boldsymbol{x}])^*]$$

ここに ＊ は複素共役をとった転置を意味する。すなわち，ベクトルの積をとるときの片方を複素共役としている。このとき，このように定義された共分散行列に対しても定理4.1 が成り立つか検証せよ。

4.2 （共分散行列と相関行列）

ベクトルの成分の平均値のまわりのモーメントとして $\boldsymbol{x}$ の（自己）共分散行列が次式で定義された。

$$\Sigma_{xx} = E[(\boldsymbol{x} - \boldsymbol{m}_x)(\boldsymbol{x} - \boldsymbol{m}_x)^{\mathrm{T}}]$$

ここに，$\boldsymbol{m}_x$ はベクトルの平均値ベクトルである。これを一般化すると，$\boldsymbol{x}$ と $\boldsymbol{y}$ の間の相互共分散行列が

$$\Sigma_{xy} = E[(\boldsymbol{x} - \boldsymbol{m}_x)(\boldsymbol{y} - \boldsymbol{m}_y)^{\mathrm{T}}]$$

で定義される。また，平均値を含めたベクトルの成分そのものの相関に基づいて，（自己）相関行列と相互相関行列が定義される。

$$R_{xx} = E[\boldsymbol{x}\boldsymbol{x}^{\mathrm{T}}]$$

$$R_{xy} = E[\boldsymbol{x}\boldsymbol{y}^{\mathrm{T}}]$$

（1）　（自己）共分散行列と（自己）相関行列の関係を求めよ。

（2）　相互共分散行列と相互相関行列の関係を求めよ。

（3）　$\boldsymbol{x}$ と $\boldsymbol{y}$ の和の（自己）共分散行列と（自己）相関行列を求めよ。

5

ウィナーフィルタ

概　要

　本書の後半は，雑音の除去や信号の予測などを行う統計的信号処理フィルタの紹介である。本章では，まず不規則信号の推定問題を定式化して，この最適解として平均二乗誤差を最小にするウィナーフィルタを導く。これは連続時間信号，離散時間信号，ベクトル信号のそれぞれに対して導くことができる。

5.1 不規則信号の推定問題

本書の後半は，雑音が含まれている観測信号から，所望の信号成分を取り出すことを考える。一般に，与えられた信号から所望の成分を取り出すことをフィルタ問題という。もし信号と雑音の帯域が図 5.1（a）に示すように異なっているときは，周波数選択フィルタによって信号成分だけを容易に取り出すことができる。問題は図（b）のように，両者の帯域が重なっている場合である。本章ならびに次章以降では，このような信号推定問題を一般的に扱うこととする。

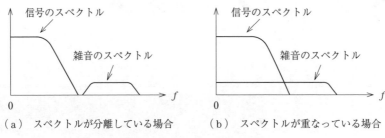

（a）スペクトルが分離している場合　　（b）スペクトルが重なっている場合

図 5.1 信号と雑音のスペクトル

1. 簡単な信号推定問題の解

まずは，最も簡単な推定問題として，スカラー値の場合を考える。

図 5.2 に示すように，雑音 n が相加された観測信号 y から，もともとの信号 x を推定することとする。この推定値を $\hat{x}$ と記す。スカラー値であるから，観測信号に対する操作はスカラー倍することで，その係数を h とおく。すなわち

観測信号：$y = x + n$ (5.1)

推定値　：$\hat{x} = hy$ (5.2)

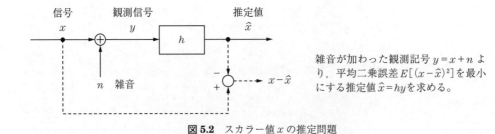

雑音が加わった観測記号 $y = x + n$ より，平均二乗誤差 $E[(x - \hat{x})^2]$ を最小にする推定値 $\hat{x} = hy$ を求める。

図 5.2 スカラー値 x の推定問題

5.1 不規則信号の推定問題 85

ここで，信号 x と雑音 n は不規則変数で，それぞれの平均値は 0 とし，分散 $\sigma_x{}^2$ と $\sigma_n{}^2$ は与えられているものとする。また，信号と雑音は無相関とする。

推定問題は，目的とする信号（これを所望信号という）x と推定値の誤差が最小になる係数 h を求めることである。その評価基準として，所望信号と推定値の平均二乗誤差

$$D = E[(x - \hat{x})^2] \tag{5.3}$$

を採用する。

この解は，式(5.3)に，式(5.2)と式(5.1)を代入することによって次のように求まる。

$$\begin{aligned} D &= E[(x - hy)^2] = E[(x - h(x + n))^2] \\ &= E[((1 - h)x - hn)^2] \\ &= (1 - h)^2 E[x^2] - 2(1 - h)hE[xn] + h^2 E[n^2] \end{aligned} \tag{5.4}$$

ここに，$E[x^2] = \sigma_x{}^2$，$E[n^2] = \sigma_n{}^2$，$E[xn] = 0$ を代入して変形すると

$$\begin{aligned} D &= (1 - h)^2 \sigma_x{}^2 + h^2 \sigma_n{}^2 \\ &= \left(h - \frac{\sigma_x{}^2}{\sigma_x{}^2 + \sigma_n{}^2}\right)^2 (\sigma_x{}^2 + \sigma_n{}^2) + \frac{\sigma_x{}^2 \sigma_n{}^2}{\sigma_x{}^2 + \sigma_n{}^2} \end{aligned} \tag{5.5}$$

であるから，これは

$$h = \frac{\sigma_x{}^2}{\sigma_x{}^2 + \sigma_n{}^2} \tag{5.6}$$

のとき最小になり，そのときの推定誤差を $D_{\min}$ とおくと

$$D_{\min} = \frac{\sigma_x{}^2 \sigma_n{}^2}{\sigma_x{}^2 + \sigma_n{}^2} \tag{5.7}$$

となる。これは次のようにも表現できる。

$$\frac{1}{D_{\min}} = \frac{1}{\sigma_x{}^2} + \frac{1}{\sigma_n{}^2} \tag{5.8}$$

あるいは

$$\frac{\sigma_x{}^2}{D_{\min}} = 1 + \frac{\sigma_x{}^2}{\sigma_n{}^2} \tag{5.9}$$

この式は

$$信号対平均二乗誤差比 = 1 + 信号対雑音比 \tag{5.10}$$

となることを意味している。

式(5.6)の最適な係数 h は

$$h = \frac{\sigma_x^2(信号分)}{\sigma_x^2(信号分) + \sigma_n^2(雑音分)} \tag{5.11}$$

と記すことができる。これがどのような振る舞いをするか調べてみよう。この構造はこれから何度も出てくるので，よく覚えておいてほしい。

まずは極端な場合を考える。雑音が微弱で $\sigma_x^2 \gg \sigma_n^2$ のときは $h \approx 1$，すなわち観測信号 y がそのまま推定値になる。一方で，雑音が信号よりもはるかに強くて $\sigma_n^2 \gg \sigma_x^2$ のときは $h \approx 0$，すなわち観測信号は雑音ばかりであるから，何も推定しないことが最適解になる。

すなわち，信号と雑音の大きさの比 σ_x^2/σ_n^2 によって係数 h が変わる。そのとき推定誤差 $D_{\min}$ も変わる。図 5.3 は，この比 σ_x^2/σ_n^2 によって，最適係数 h と推定誤差 $D_{\min}$ がどう変わるかを示したものである。

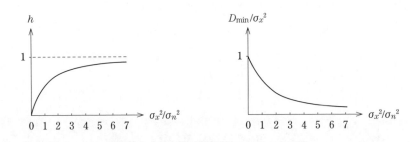

図 5.3 σ_x^2/σ_n^2 と最適係数 h，$D_{\min}$ の関係

2. 少しだけ一般化した推定問題の解

前項で述べた推定問題を少しだけ一般化して，図 5.4 のように観測信号 y から，より一般的に所望信号 d を推定することを考えよう。この推定値を $\hat{d} = hy$ とおいて，推定誤差の平均二乗誤差

$$D = [(d - \hat{d})^2] \tag{5.12}$$

を最小にする h を求める。

ここでは D を h で微分してその値を 0 とおくことによって最適解を求めてみよう。すなわち，$\hat{d} = hy$ より

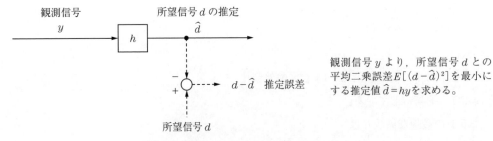

図 5.4 所望信号 d の推定問題

$$\frac{d}{dh}D = \frac{d}{dh}E[(d-\widehat{d})^2] = 2E[(d-\widehat{d})(-y)] = 0 \tag{5.13}$$

さらに次のように変形される。

$$E[(d-hy)(-y)] = -E[dy] + hE[y^2] = 0 \tag{5.14}$$

したがって，最適な係数 h は，観測信号 y と所望信号 d の共分散を $\sigma_{dy} = E[dy]$ とおくと

$$h = \frac{E[dy]}{E[y^2]} = \frac{\sigma_{dy}}{\sigma_{yy}} \tag{5.15}$$

となる。この解は，$d=x$，$y=x+n$ のときは

$$\sigma_{dy} = E[dy] = E[x(x+n)] = E[x^2] = \sigma_x{}^2 \tag{5.16}$$

$$\sigma_{yy} = E[yy] = E[(x+n)^2] = E[x^2] + E[n^2] = \sigma_x{}^2 + \sigma_n{}^2 \tag{5.17}$$

となり，式(5.15)は式(5.6)と一致する。

ここで，この導出の過程で得られた式(5.13)に注目してほしい。すなわち

$$E[(d-\widehat{d})y] = 0 \tag{5.18}$$

この式は言葉で表現すると「最適な推定を行ったとき，推定誤差 $d-\widehat{d}$ と観測信号 y は無相関である」ことを意味している。これは最適推定問題一般に成り立つことで，最適推定値における**直交性の原理**と呼ばれている（信号解析の分野では無相関であることを，直交しているという）。

3. さまざまな推定問題

このように平均二乗誤差を評価基準として得られた最適解を一般に**ウィナーフィルタ**（Wiener filter）という。ここではスカラー値 x の推定問題を扱ったけれども，このスカラー値が時間的に連続した信号 $x(t)$ となっている場合はどうなるであろうか。時間的に標本化された離散時間信号 $x(n)$ の場合はどうか。さらにはこれがベクトル信号 $\boldsymbol{x}(n)$ の場合はどのような解になるのであろうか。

連続時間信号の場合の最適解は**連続時間ウィナーフィルタ**と呼ばれており，5.2 節で扱う。離散時間信号に対する**離散時間ウィナーフィルタ**は 5.3 節で扱う。時間的に変化するベクトル信号に対する推定理論は特別の体系が整備されていて，**カルマンフィルタ**と呼ばれている。これについては，次の第 6 章で解説することとし，本章では 5.4 節でベクトル信号が時間的に変化しない場合のみを扱う。

5.2 連続時間ウィナーフィルタ

1. 連続時間信号の推定問題

連続時間信号を対象として，**図 5.5** に示す推定問題を考える．すなわち

観測信号 $y(t)$，推定フィルタ出力 $z(t)$，所望信号 $d(t)$

とおいて推定誤差を

$$e(t) = d(t) - z(t) \tag{5.19}$$

とする．

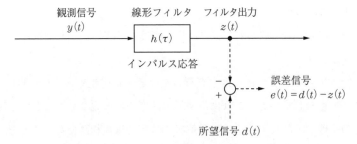

図 5.5 信号の推定問題（連続時間信号）

このとき

$$D = E[e(t)^2] = E[(d(t) - z(t))^2] \tag{5.20}$$

で与えられる推定の平均二乗誤差を最小にする線形フィルタの構造を求めることが，ここでの課題である．

ここで，特に所望信号を

$$d(t) = x(t - \Delta) \tag{5.21}$$

とおいたとき，次のようにスムージング（平滑），フィルタリング（ろ波），予測の三通りの推定問題が設定される．

- $\Delta > 0$，すなわち時間遅れがあって過去の信号値 $x(t-\Delta)$ を推定したいときは，この問題は**スムージング**（smoothing，平滑），あるいは時間遅れのある推定と呼ばれている．
- $\Delta = 0$，すなわち時間遅れなしに現在の値 $x(t)$ を推定したいときは，この問題は（狭い意味での）**フィルタリング**（filtering，ろ波）と呼ばれている．
- $\Delta < 0$ は未来の値を目標信号とする場合で，**予測**（prediction）の問題となる．

以下では，これを因果性をみたすインパルス応答 $h(\tau)$ の線形フィルタ

$$z(t) = \int_0^\infty h(\tau) y(t-\tau) d\tau \tag{5.22}$$

で実現することとして，このインパルス応答 $h(\tau)$（あるいはフーリエ変換の関係にある伝達関数 $H(f)$）を最適化してみよう。

2. 直交性の原理とウィナー・ホッフ方程式

まずは，最適なインパルス応答 $h(\tau)$ がみたすべき条件を求めよう。その一つは直交性の原理である。すなわち，スカラー信号のときの直交性の原理（式(5.18)）を連続信号に拡張すると，次の定理が成り立つ。

定理 5.1 （直交性の原理（連続時間信号））

式(5.22)の線形推定値 $z(t)$ が所望信号 $d(t)$ との平均二乗誤差を最小にするという意味で最適であるとき，その推定誤差 $e(t)$ はそれまでの過去の観測信号 $y(t-\tau)$ （$\tau \geqq 0$）と直交する（相関がない）。すなわち

$$E[e(t) y(t-\tau)] = E[(d(t) - z(t)) y(t-\tau)] = 0 \qquad (\tau \geqq 0) \tag{5.23}$$

【証明】　ここでは連続時間信号を対象としているので，$h(\tau)$ という連続時間関数の最適性を証明する必要がある。これは変分法を用いて次のように証明できる。すなわち式(5.22)におけるフィルタのインパルス応答 $h(\tau)$ を $h(\tau) + \varepsilon\eta(\tau)$ とおいて，そのときの式(5.20)の評価関数を

$$D[h(\tau) + \varepsilon\eta(\tau)] = E\left[\left(d(t) - \int_0^\infty (h(\tau) + \varepsilon\eta(\tau)) y(t-\tau) d\tau\right)^2\right] \tag{5.24}$$

とおくことにしよう。この $D[h(\tau) + \varepsilon\eta(\tau)]$ を ε で微分したとき，その値が $\varepsilon = 0$ の近傍で 0 となれば，それが評価関数を最小にする解となる。すなわち

$$\left.\frac{\partial D[h(\tau) + \varepsilon\eta(\tau)]}{\partial \varepsilon}\right|_{\varepsilon=0} = 0 \tag{5.25}$$

を解けばよい。実際に計算すると

$$\frac{\partial D[h(\tau) + \varepsilon\eta(\tau)]}{\partial \varepsilon}$$

$$= E\left[2\left(d(t) - \int_0^\infty (h(\tau) + \varepsilon\eta(\tau)) y(t-\tau) d\tau\right)\left(-\int_0^\infty \eta(\tau) y(t-\tau) d\tau\right)\right]$$

であり，これに $\varepsilon = 0$ を代入すると

$$
=E\Big[2\Big(d(t)-\int_0^\infty h(\tau)y(t-\tau)d\tau\Big)\Big(-\int_0^\infty \eta(\tau)y(t-\tau)d\tau\Big)\Big]
$$

$$
=-2\int_0^\infty \eta(\tau)E[e(t)y(t-\tau)]d\tau=0 \tag{5.26}
$$

となる。任意の$\eta(\tau)$に対してこの式が成り立つためには

$$
E[e(t)y(t-\tau)]=0 \qquad (\tau\geqq0) \tag{5.27}
$$

でなければならない。よって式(5.23)が証明された。　　　　　　　　（証明終わり）

　直交性の原理は直観的には次のように理解できる。推定誤差がそれまでの観測信号と相関がある場合は，その相関を利用して推定誤差をさらに小さくできるはずである。したがって推定誤差と観測信号の間に相関がある場合は，その推定は最適ではない。

　一般に最適な推定を行ったとき，推定誤差はそれまでの観測信号の線形結合によって作られるすべての信号と直交する。例えば，線形最適推定値は推定誤差と直交する。

　さて，この直交性の原理に式(5.22)を代入すると，最適なインパルス応答$h(\tau)$がみたすべき条件が次のようにして求まる。

$$
E\Big[\Big(d(t)-\int_0^\infty h(\lambda)y(t-\lambda)d\lambda\Big)y(t-\tau)\Big]
$$

$$
=E[d(t)y(t-\tau)]-\int_0^\infty h(\lambda)E[y(t-\lambda)y(t-\tau)]d\lambda=0 \qquad (\tau\geqq0) \tag{5.28}
$$

ここで，所望信号$d(t)$と観測信号$y(t)$の相互相関関数を$\varphi_{dy}(\tau)$，観測信号$y(t)$の自己相関関数を$\varphi_{yy}(\tau)$とおくと

$$
E[d(t)y(t-\tau)]=\varphi_{dy}(-\tau)=\varphi_{yd}(\tau) \tag{5.29}
$$

より

$$
\int_0^\infty h(\lambda)\varphi_{yy}(\tau-\lambda)d\lambda=\varphi_{yd}(\tau) \qquad (\tau\geqq0) \tag{5.30}
$$

が成り立つ。これより，次の定理が導かれる。

定理 5.2（ウィナー・ホッフ方程式（連続時間信号））

　連続信号の推定問題における最適フィルタのインパルス応答$h(\tau)$は次の方程式をみたす。

$$
\int_0^\infty h(\lambda)\varphi_{yy}(\tau-\lambda)d\lambda=\varphi_{yd}(\tau) \qquad (\tau\geqq0) \tag{5.31}
$$

この方程式を**ウィナー・ホッフ方程式**（Wiener–Hopf equation）という。

3. ウィナー・ホップ方程式の近似解

ウィナー・ホップ方程式を解けば，最適なフィルタが求められる。この式(5.31)をよくよく見ると，左辺の積分はインパルス応答 $h(t)$ と $y(t)$ の自己相関関数 $\varphi_{yy}(\tau)$ のたたみこみ積分になっている。したがって，これをフーリエ変換すれば容易に解が求まるように思える。

しかし実際はそう単純ではない。ここでは式(5.22)に示したように因果性をみたす $h(\tau)$ であることを前提としており，式(5.31)のたたみこみ積分の下限は $-\infty$ ではなく 0 で，しかも式全体に $\tau \geqq 0$ の条件がついているからである。

したがって，厳密な解は後に述べるようにかなり複雑になる。

そこでまずは，上の二つの条件をはずして因果性を考慮しない近似解を求めてみよう。

すなわち，式(5.28)の積分の下限を $-\infty$ として，さらに $\tau \geqq 0$ の条件をはずして

$$\int_{-\infty}^{\infty} h(\lambda)\varphi_{yy}(\tau-\lambda)d\lambda = \varphi_{yd}(\tau) \qquad (-\infty < \tau < \infty) \tag{5.32}$$

とする。これはフーリエ変換できて

$$H(f)\Phi_{yy}(f) = \Phi_{yd}(f) \tag{5.33}$$

すなわち，因果性を考慮しない近似解としての伝達関数は

$$H(f) = \frac{\Phi_{yd}(f)}{\Phi_{yy}(f)} \tag{5.34}$$

となる。ここに $\Phi_{yy}(f)$ は観測信号の電力スペクトル密度，$\Phi_{yd}(f)$ は観測信号と所望信号の相互スペクトル密度である。

4. 遅延無限大の最適ウィナーフィルタ

特別な場合として，図5.6のような遅延をともなうスムージングフィルタにこれを適用してみよう。

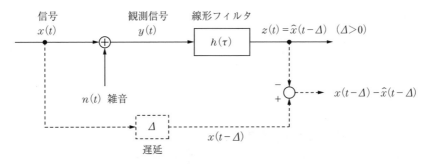

図5.6 遅延をともなう推定問題（スムージング）

すなわち

$$y(t) = x(t) + n(t) \tag{5.35}$$

$$d(t) = x(t - \Delta) \qquad (\Delta > 0) \tag{5.36}$$

とおくと，式(5.32)における相関関数はそれぞれ

$$\varphi_{yy}(\tau) = \varphi_{xx}(\tau) + \varphi_{nn}(\tau) \qquad (x(t) と n(t) は無相関) \tag{5.37}$$

$$\varphi_{yd}(\tau) = E[(x(t) + n(t))d(t + \tau)]$$
$$= E[x(t)x(t + \tau - \Delta)] = \varphi_{xx}(\tau - \Delta) \tag{5.38}$$

となるから，これをフーリエ変換すると，式(5.3)に対応するフィルタの伝達関数は次式で与えられる。

$$H(f) = \frac{\Phi_{xx}(f)}{\Phi_{xx}(f) + \Phi_{nn}(f)} e^{-j2\pi f\Delta} \tag{5.39}$$

ここに，$e^{-j2\pi f\Delta}$ は，フィルタの遅延項である。そこでこれを除いた項

$$G(f) = \frac{\Phi_{xx}(f)}{\Phi_{xx}(f) + \Phi_{nn}(f)} \tag{5.40}$$

をフーリエ逆変換して

$$g(t) = \int_{-\infty}^{\infty} G(f)e^{j2\pi ft} dt \tag{5.41}$$

を定義すれば，式(5.39)のフーリエ逆変換として得られるインパルス応答は

$$h(t) = g(t - \Delta) \tag{5.42}$$

となる。

これを定理としてまとめておこう。

定理 5.3（遅延のある最適なウィナーフィルタ（近似解））

信号と雑音の電力スペクトル密度をそれぞれ $\Phi_{xx}(f)$，$\Phi_{nn}(f)$ とするとき，遅延時間 Δ で信号を近似的に最適推定する線形フィルタは

$$G(f) = \frac{\Phi_{xx}(f)}{\Phi_{xx}(f) + \Phi_{nn}(f)} \tag{5.40}'$$

のフーリエ逆変換を $g(t)$ としたときに

$$h(t) = g(t - \Delta) \tag{5.42}'$$

で与えられるインパルス応答 $h(t)$ を持つ。

図 5.7 はこれを概念的に示したものである。式(5.40)の周波数関数 $G(f)$ は周波数に関して

5.2 連続時間ウィナーフィルタ

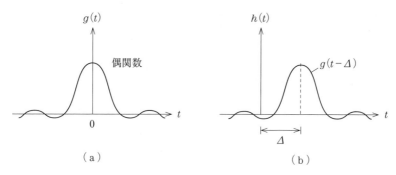

図 5.7 遅延のある最適なウィナーフィルタ（近似解）のインパルス応答（概念図）

偶対称な実関数であるから，そのフーリエ逆変換である $g(t)$ も図（a）に示すように時間軸に対して偶対称な実関数となる。

この $g(t)$ は一般には $-\infty \sim \infty$ で値を持つ。したがって，これを時間 Δ だけずらしても，図（b）の $h(t)$ は $t<0$ で値を持ち，因果的ではない。その意味ではこれは実現できないフィルタである。しかし，$g(t)$ 自体は $t \to -\infty$ で 0 に近づくから，Δ をある程度大きくすれば，($t<0$ の値を 0 にすることによって）近似的に実現できる。Δ を ∞，すなわち遅延を無限大にすれば，いくらでも近似精度をよくできる。その意味で，式(5.39)は，遅延無限大のウィナーフィルタと呼ばれることもある。

この遅延無限大のウィナーフィルタの核となっている伝達特性

$$G(f) = \frac{\Phi_{xx}(f)}{\Phi_{xx}(f) + \Phi_{nn}(f)} \tag{5.40}'$$

は，次のような特性を持つ。すなわち，$\Phi_{xx}(f)$ と $\Phi_{nn}(f)$ はそれぞれ，信号の電力スペクトル密度，雑音の電力スペクトル密度であるから，振幅特性で見る限り，伝達特性は

$$\text{最適伝達関数} = \frac{\text{信号分}}{\text{信号分} + \text{雑音分}} \tag{5.43}$$

の形をしている。これは 5.1 節で述べたスカラー値の推定における式(5.11)に相当するものである。

すなわち，ここでは周波数ごとに成分の信号と雑音の比が定義されて，その値に応じてフィルタの伝達関数が決まっているのである。ある周波数において信号分が多いときは，$H(f)=1$ となり，観測信号をそのまま通過させている。逆に雑音分が多い周波数域では，$H(f)=0$ となって，雑音が出力に混入することを阻止している。最適なフィルタは，このように直観的にも理解できる構造をしている。

5. 因果性をみたすウィナーフィルタ

残された問題は，定理 5.2 のウィナー・ホッフ方程式

$$\int_0^\infty h(\lambda)\varphi_{yy}(\tau-\lambda)d\lambda = \varphi_{yd}(\tau) \qquad (\tau \geq 0) \tag{5.31}'$$

をそのまま，すなわちたたみこみ積分の下限を 0 として，しかも式全体に $\tau \geq 0$ の条件をつけて厳密に解くことである．これを解くには複素関数論の知識を必要とする．この導出は付録 A.3 にまわして，ここではやや複雑になるけれども結果だけを示すことにしよう．

因果性をみたさない伝達関数は式(5.34)，すなわち

$$H(f) = \frac{\Phi_{yd}(f)}{\Phi_{yy}(f)} \tag{5.44}$$

で与えられた．因果性をみたす最適解では，この分母 $\Phi_{yy}(f)$ に $s=j2\pi f$ を代入して，これを複素数 s の複素関数 $\Phi_{yy}(s)$ として扱う．これは数学的にはフーリエ変換を両側ラプラス変換に拡張したことに相当する．

さて，この複素関数 $\Phi_{yy}(s)$ は，**図 5.8** のように s 平面で極と零点を持つ．$\Phi_{yy}(f)$ は偶関数であるから極と零点は s 平面の右半面と左半面に対称に位置している．これを s 平面の右半面と左半面に分割して，次のように表現することにしよう．

$$\Phi_{yy}(s) = \Phi_{yy}{}^+(s)\Phi_{yy}{}^-(s) \tag{5.45}$$

ここに，$\Phi_{yy}{}^+(s)$ は s 平面の左半面内のみに極と零点を持つ項，$\Phi_{yy}{}^-(s)$ は右半面内のみに極と零点を持つ項である．

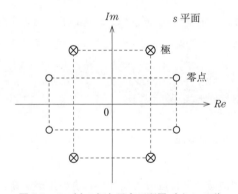

図 5.8 $\Phi_{yy}(s)$ の極と零点の配置（イメージ）

ここで変数をふたたび f に戻すと

$$\Phi_{yy}(f) = \Phi_{yy}{}^+(f)\Phi_{yy}{}^-(f) \tag{5.46}$$

となる．これを用いて因果性の条件，つまり

$$h(t) = 0 \qquad (t<0) \tag{5.47}$$

をみたす最適なウィナーフィルタは，最終的に次式で与えられる（付録 A.3 参照）。

$$H(f) = \frac{1}{\Phi_{yy}^+(f)} \int_0^\infty \left[\int_{-\infty}^\infty \frac{\Phi_{yd}(\lambda)}{\Phi_{yy}^-(\lambda)} e^{j2\pi\lambda t} d\lambda \right] e^{-j2\pi ft} dt \tag{5.48}$$

急に複雑な式が出てきたけれども，これを用いれば $\Delta = 0$ として遅延なしに信号を推定することもできる。さらには $\Delta < 0$，すなわち信号の未来も推定できる。これは予測フィルタと呼ばれているもので，付録 A.3 にはその構造も示しておいた。

5.3 離散時間ウィナーフィルタ

1. 離散時間信号の推定問題

とびとびの時点で定義された離散時間信号における推定問題（**図 5.9**）を考えよう。

観測信号を $y(k)$，フィルタ出力を $z(k)$，所望信号を $d(k)$ として

$$D = E[(d(k) - z(k))^2] \tag{5.49}$$

で与えられる推定の平均二乗誤差を最小にする線形フィルタの構造を求めることが，ここでの課題である。

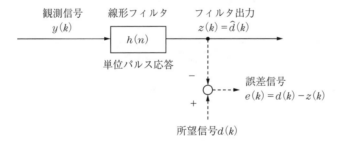

所望信号 $d(k)$ との平均二乗誤差を最小にする
推定値を出力する線形フィルタを求める。

図 5.9 信号の推定問題（離散時間信号）

ここで，フィルタは次のような入出力特性を持つものとする。

$$z(k) = \sum_{n=0}^\infty h(n) y(k-n) \tag{5.50}$$

2. 直交性の原理とウィナー・ホッフ方程式

連続時間における定理5.1（直交性の原理）と定理5.2（ウィナー・ホッフ方程式）は，離散時間ではそれぞれ次のようになる。

定理5.4（直交性の原理（離散時間信号））

式(5.50)の線形推定値$z(k)$が所望信号$d(k)$との平均二乗誤差を最小にするという意味で最適であるとき，その推定誤差$d(k)-z(k)$は，それまでの過去の観測信号$y(k-m)$ $(m \geq 0)$と直交する（相関がない）。すなわち

$$E[(d(k)-z(k))y(k-m)]=0 \qquad (m \geq 0) \tag{5.51}$$

【証明】 これは式(5.49)の評価関数に式(5.50)を代入して，フィルタの係数$h(m)$で微分することにより証明される。すなわち

$$\frac{\partial D}{\partial h(m)} = \frac{\partial}{\partial h(m)} E\left[\left(d(k) - \sum_{n=0}^{\infty} h(n)y(k-n)\right)^2\right]$$

$$= 2E[(d(k)-z(k))(-y(k-m))]=0 \qquad (m \geq 0) \tag{5.52}$$

より，式(5.51)が成り立つ。 （証明終わり）

この直交性の原理に，式(5.50)を代入して，最適なインパルス応答$h(k)$がみたすべき条件として，離散時間信号に対するウィナー・ホッフ方程式を導くことができる。定理5.2と同じようにして導びかれるので結果を定理5.5に示す。各自導出を試みられたい。

定理5.5（ウィナー・ホッフ方程式（離散時間信号））

離散時間信号の推定問題における最適フィルタのインパルス応答$h(n)$は，次の離散型ウィナー・ホッフ方程式をみたす。

$$\sum_{n=0}^{\infty} h(n)\varphi_{yy}(m-n) = \varphi_{yd}(m) \qquad (m=0, 1, 2, \cdots) \tag{5.53}$$

ここに，$\varphi_{yd}(m)$は観測信号$y(k)$と所望信号$d(k)$の相互相関関数，$\varphi_{yy}(m)$は観測信号$y(k)$の自己相関関数である。

---

3. 有限インパルス応答（FIR）フィルタによる実現

ここで，推定フィルタを図 5.10 のような有限インパルス応答（FIR）ディジタルフィルタで実現することとしよう．

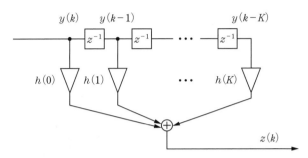

図 5.10 有限インパルス応答（FIR）ディジタルフィルタ

このフィルタのインパルス応答は，$0 \sim K$ の有限時間

$$h(0), h(1), \cdots, h(K)$$

に限られているから，式(5.53)は

$$\sum_{n=0}^{K} h(n)\varphi_{yy}(m-n) = \varphi_{yd}(m) \qquad (m = 0, 1, 2, \cdots, K) \tag{5.54}$$

となって，$K+1$ 元連立一次方程式になる．これはコンピュータで容易に計算できてその解が，図 5.10 のディジタルフィルタの係数となる．

このように，離散時間信号の場合は，最適なフィルタのインパルス応答は方程式だけ与えれば実現できるが，式(5.48)が連立一次方程式であることを考慮すると，次のように行列表現もできる．

$$\begin{bmatrix} \varphi_{yy}(0) & \varphi_{yy}(-1) & \cdots & \varphi_{yy}(-K) \\ \varphi_{yy}(1) & \varphi_{yy}(0) & \cdots & \varphi_{yy}(-K+1) \\ \vdots & \vdots & \ddots & \vdots \\ \varphi_{yy}(K) & \varphi_{yy}(K-1) & \cdots & \varphi_{yy}(0) \end{bmatrix} \begin{bmatrix} h(0) \\ h(1) \\ \vdots \\ h(K) \end{bmatrix} = \begin{bmatrix} \varphi_{yd}(0) \\ \varphi_{yd}(1) \\ \vdots \\ \varphi_{yd}(K) \end{bmatrix} \tag{5.55}$$

これを，行列で

$$\Phi_{yy}\boldsymbol{h} = \boldsymbol{\varphi}_{yd} \tag{5.56}$$

と記せば，最適な係数ベクトルは次式で表現される．

$$\boldsymbol{h} = \Phi_{yy}^{-1}\boldsymbol{\varphi}_{yd} \tag{5.57}$$

4. ウィナー予測フィルタ

離散時間信号の場合は，予測フィルタも容易に導くことができる。ここでは，**図5.11**のようにl時点先を予測することを考えよう。

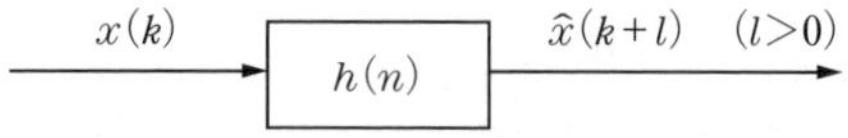

図5.11 l時点先を予測するフィルタ

このとき

$$y(k) = x(k) \tag{5.58}$$

$$d(k) = x(k+l) \qquad (l>0) \tag{5.59}$$

であるから

$$\varphi_{yy}(m-n) = \varphi_{xx}(m-n) \tag{5.60}$$

$$\varphi_{yd}(m) = E[x(k)x(k+l+m)] = \varphi_{xx}(l+m) \tag{5.61}$$

となり，ウィナー・ホッフ方程式は次のようになる。

定理 5.6（予測問題のウィナー・ホッフ方程式（離散時間信号））

$x(k)$のl時点先の信号$x(k+l)$を予測する最適予測フィルタのインパルス応答は，次の方程式をみたす。

$$\sum_{n=0}^{\infty} h(n)\varphi_{xx}(m-n) = \varphi_{xx}(l+m) \qquad (m=0, 1, \cdots, K, \ l>0) \tag{5.62}$$

ここに有限インパルス応答（FIR）ディジタルフィルタを使用することを想定すると，その係数（単位パルス応答）は

$$h(0), h(1), \cdots, h(K)$$

となり，式(5.62)は，信号$x(k)$の自己相関関数$\varphi_{xx}(\cdot)$だけが与えられれば計算できる$K+1$元連立一次方程式となる。これは**ユール・ウォーカー方程式**（Yule–Walker equation）とも呼ばれている。

特に$l=1$，すなわち1時点先の予測問題はきれいな体系となっている。この詳細は，第7章で詳しく論じる。

5.4 ベクトル信号のウィナーフィルタ

最後にベクトル信号における推定問題を考えよう。

1. ベクトル信号の推定問題

図 5.12 にあるように，所望信号を d，観測信号を y として

$$z = Hy \tag{5.63}$$

によって d を推定するものとする。このとき推定誤差ベクトル $d-z$ の平均二乗ノルム

$$E[\|d-z\|^2]$$

を最小にすることを評価基準とすると，最適解は次の直交性の原理をみたす。

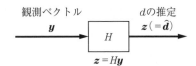

図 5.12 信号の推定問題（ベクトル信号）

定理 5.7（直交性の原理（ベクトル信号））

$$E[(d-z)y^\mathrm{T}] = \mathrm{O} \quad \text{（零行列）} \tag{5.64}$$

ここに y^T は y の転置ベクトルである。

【証明】 式(5.64)をみたす解 $z = Hy$ が，推定誤差の平均二乗ノルムを最小にすることを証明する。ここで必ずしも式(5.64)をみたさない推定を

$$z' = H'y \tag{5.65}$$

とおいて，z' の推定誤差の平均二乗ノルムを計算すると

$$d - z' = (d - z) + (z - z') \tag{5.66}$$

より

$$\begin{aligned}
E[\|d-z'\|^2] &= E[\|d-z\|^2] + E[\|z-z'\|^2] \\
&\quad + E[(d-z)(z-z')^\mathrm{T}] + E[(z-z')(d-z)^\mathrm{T}] \\
&= E[\|d-z\|^2] + E[\|z-z'\|^2] + E[(d-z)y^\mathrm{T}]H - E[(d-z)y^\mathrm{T}]H' \\
&\quad + HE[y(d-z)^\mathrm{T}] - H'E[y(d-z)^\mathrm{T}]
\end{aligned} \tag{5.67}$$

となる。ここに第3～6項はいずれも直交性の原理によってOとなる。一方，第2項は

正であるから

$$E[\|\boldsymbol{d}-\boldsymbol{z}'\|^2]\geqq E[\|\boldsymbol{d}-\boldsymbol{z}\|^2] \tag{5.68}$$

すなわち，直交性をみたす$\boldsymbol{z}$は最小の誤差を与える。　　　　　　　　　　（証明終わり）

この直交性の原理に式(5.63)を代入して変形すると

$$E[(\boldsymbol{d}-H\boldsymbol{y})\boldsymbol{y}^{\mathrm{T}}] = E[\boldsymbol{d}\boldsymbol{y}^{\mathrm{T}}] - HE[\boldsymbol{y}\boldsymbol{y}^{\mathrm{T}}] = \mathrm{O} \tag{5.69}$$

ここに$\varSigma_{dy}=E[\boldsymbol{d}\boldsymbol{y}^{\mathrm{T}}]$，$\varSigma_{yy}=E[\boldsymbol{y}\boldsymbol{y}^{\mathrm{T}}]$とおけば

$$\varSigma_{dy}-H\varSigma_{yy}=\mathrm{O} \tag{5.70}$$

したがって，最適な推定行列 H として次式が得られる。

$$H=\varSigma_{dy}\varSigma_{yy}{}^{-1} \tag{5.71}$$

これは，スカラー信号の場合の式(5.15)，連続時間信号の場合の式(5.34)，離散時間信号の場合の式(5.57)に対応する表現である（式(5.57)は転置をとると，$\boldsymbol{h}^{\mathrm{T}}=\boldsymbol{\varphi}_{yd}{}^{\mathrm{T}}\boldsymbol{\varPhi}_{yy}{}^{-1}$ となる）。

このとき，推定誤差の共分散行列は，やはり直交性の原理を用いて次のようにして求められる。

$$\begin{aligned}D&=E[(\boldsymbol{d}-\boldsymbol{z})(\boldsymbol{d}-\boldsymbol{z})^{\mathrm{T}}]=E[(\boldsymbol{d}-\boldsymbol{z})(\boldsymbol{d}-H\boldsymbol{y})^{\mathrm{T}}]\\&=E[(\boldsymbol{d}-\boldsymbol{z})\boldsymbol{d}^{\mathrm{T}}]=E[(\boldsymbol{d}-H\boldsymbol{y})\boldsymbol{d}^{\mathrm{T}}]\\&=E[\boldsymbol{d}\boldsymbol{d}^{\mathrm{T}}]-HE[\boldsymbol{y}\boldsymbol{d}^{\mathrm{T}}]\\&=\varSigma_{dd}-H\varSigma_{yd}\end{aligned} \tag{5.72}$$

ここに$\varSigma_{dd}=E[\boldsymbol{d}\boldsymbol{d}^{\mathrm{T}}]$とおいた。この式(5.72)に式(5.71)の最適な H を代入すると，$\varSigma_{yd}=\varSigma_{dy}{}^{\mathrm{T}}$であることに注意して

$$D=\varSigma_{dd}-\varSigma_{dy}\varSigma_{yy}{}^{-1}\varSigma_{dy}{}^{\mathrm{T}} \tag{5.73}$$

となる表現を得る。これが最適な推定を行ったときの推定誤差の共分散行列である。推定誤差の平均二乗ノルム $E[\|\boldsymbol{d}-\boldsymbol{z}\|^2]$ は D の対角成分の和（行列のトレース）を計算することにより求められる。

2. 雑音のある観測信号からの推定問題

前で述べた推定問題を，図 **5.13** に示す雑音のある観測信号に適用してみよう。すなわち雑音ベクトルを $\boldsymbol{n}$ として観測信号を

$$\boldsymbol{y}=\boldsymbol{x}+\boldsymbol{n} \tag{5.74}$$

と記して，所望信号を

$$\boldsymbol{d}=\boldsymbol{x} \tag{5.75}$$

とする。雑音 $\boldsymbol{n}$ と信号 $\boldsymbol{x}$ は相関がないものとする。

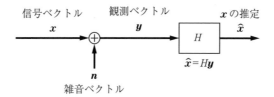

図 5.13 雑音のある観測信号からの推定問題 1

このとき

$$\Sigma_{dy} = E[\boldsymbol{dy}^{\mathrm{T}}] = E[\boldsymbol{x}(\boldsymbol{x}+\boldsymbol{n})^{\mathrm{T}}] = E[\boldsymbol{xx}^{\mathrm{T}}] = \Sigma_{xx} \tag{5.76}$$

$$\Sigma_{yy} = E[(\boldsymbol{x}+\boldsymbol{n})(\boldsymbol{x}+\boldsymbol{n})^{\mathrm{T}}] = E[\boldsymbol{xx}^{\mathrm{T}}] + E[\boldsymbol{nn}^{\mathrm{T}}]$$

$$= \Sigma_{xx} + \Sigma_{nn} \tag{5.77}$$

$$\Sigma_{dd} = E[\boldsymbol{xx}^{\mathrm{T}}] = \Sigma_{xx} \tag{5.78}$$

となるので，式 (5.71) と式 (5.73) は次のように表現される．

$$H = \Sigma_{xx}(\Sigma_{xx} + \Sigma_{nn})^{-1} \tag{5.79}$$

$$D = \Sigma_{xx} - \Sigma_{xx}(\Sigma_{xx} + \Sigma_{nn})^{-1}\Sigma_{xx} \tag{5.80}$$

これが図 5.13 の推定問題の最適な推定行列 H とそのときの推定誤差の共分散行列 D である．ここに Σ_{xx} は信号の共分散行列，Σ_{nn} は雑音の共分散行列であるから，式 (5.79) の H も「信号分/(信号分＋雑音分)」の形をしていることに注意されたい．これは最適なウィナーフィルタに共通する形なのである．

雑音のある観測信号からの推定問題は，図 5.14 のように観測信号に行列 C を含んだ形にも拡張できる．すなわち式 (5.74) に代わって

$$\boldsymbol{y} = C\boldsymbol{x} + \boldsymbol{n} \tag{5.81}$$

このときは

$$\Sigma_{dy} = E[\boldsymbol{x}(C\boldsymbol{x}+\boldsymbol{n})^{\mathrm{T}}] = E[\boldsymbol{xx}^{\mathrm{T}}]C^{\mathrm{T}} = \Sigma_{xx}C^{\mathrm{T}} \tag{5.82}$$

$$\Sigma_{yy} = E[(C\boldsymbol{x}+\boldsymbol{n})(C\boldsymbol{x}+\boldsymbol{n})^{\mathrm{T}}] = CE[\boldsymbol{xx}^{\mathrm{T}}]C^{\mathrm{T}} + E[\boldsymbol{nn}^{\mathrm{T}}]$$

$$= C\Sigma_{xx}C^{\mathrm{T}} + \Sigma_{nn} \tag{5.83}$$

となり，また

$$\Sigma_{dd} = E[\boldsymbol{xx}^{\mathrm{T}}] = \Sigma_{xx} \tag{5.84}$$

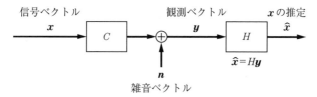

図 5.14 雑音のある観測信号からの推定問題 2

であるから，これを式(5.71)と式(5.73)に代入すると最適な推定行列 H と推定誤差の共分散行列 D は次のようになる。

$$H = \Sigma_{xx} C^{\mathrm{T}} (C\Sigma_{xx} C^{\mathrm{T}} + \Sigma_{nn})^{-1} \tag{5.85}$$

$$D = \Sigma_{xx} - \Sigma_{xx} C^{\mathrm{T}} (C\Sigma_{xx} C^{\mathrm{T}} + \Sigma_{nn})^{-1} C\Sigma_{xx} \tag{5.86}$$

以上，ここで扱ったのは，信号ベクトル $\boldsymbol{x}$ そのものを推定する問題であった。この信号ベクトル $\boldsymbol{x}$ が時間の関数，すなわち時系列 $\boldsymbol{x}(n)$ として与えられた場合はどうなるのであろうか。そのためには，$\boldsymbol{x}(n)$ の時間的な挙動をモデル化することが必要になる。この体系が次章で述べるカルマンフィルタの理論である。

理解度チェック

5.1（最適推定値）

τ 時点までの観測信号 $y(t)$ $(t \leqq \tau)$ に基づいて，平均二乗誤差を最小にする $x(t)$ の最適推定値 $\hat{x}(t)$ を求めることを考えよう。このとき，この評価関数を条件つき期待値を用いて

$$J = E\big[(x(t) - \hat{x}(t))^2 | y(t), t \leqq \tau \big]$$

と記すことにすれば，最適推定値は

$$\hat{x}(t) = E[x(t) | y(t), t \leqq \tau]$$

すなわち，$y(t)$ $(t \leqq \tau)$ を観測したときの $x(t)$ の条件つき平均値となることを示せ。

5.2（推定誤差に含まれる信号ひずみと雑音）

ウィナーフィルタは所望信号との平均二乗誤差を最小とする最適フィルタである。所望信号に雑音が加わった観測信号に対するウィナーフィルタでは，平均二乗誤差で評価される推定誤差には，雑音だけでなく，信号そのものの劣化（信号歪み）も含まれている。遅延のあるスムージングフィルタ

$$H(f) = \frac{\Phi_{xx}(f)}{\Phi_{xx}(f) + \Phi_{nn}(f)}$$

ただし，$\Phi_{xx}(f)$，$\Phi_{nn}(f)$ はそれぞれ信号と雑音の電力スペクトル密度

を例として，推定誤差（平均二乗誤差）に雑音によるものと信号歪みによるものがどのような割合で含まれているかを周波数領域で考察せよ。

6

カルマンフィルタ

概　要

　時間領域で処理を行う代表的なフィルタにカルマンフィルタがある。本章ではまずはカルマンフィルタの基本形を理解することから始めて，信号源のモデル化を通じてカルマンフィルタの具体的な構成を明らかにする。カルマンフィルタには，さまざまな関係式が登場するが，そのそれぞれが何を意味しているかも学ぶ。

6. カルマンフィルタ

6.1 カルマンフィルタの考え方

1. カルマンフィルタの目的

カルマンフィルタ（Kalman filter）は，図 6.1 に示す形で，時間的に変化するベクトル信号 $x(k)$ を推定することを目的とする。

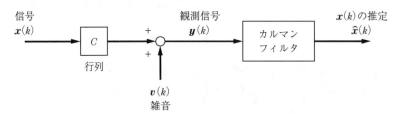

図 6.1 カルマンフィルタにおける推定問題

すなわち，ここでは観測信号 $y(k)$ は，もともとの信号 $x(k)$ を行列 C 倍したものに雑音 $v(k)$ が加わったものとして観測される（前章では雑音は $n(k)$ としたが，本章では $v(k)$ とする）。ここに，信号 $x(k)$ と雑音の $v(k)$ の統計的性質ならびに行列 C（これは時間の関数 $C(k)$ であってもよい）は，あらかじめわかっているものとする。

2. カルマンフィルタの特徴

1960 年にカルマン（R. E. Kalman）によって信号の統計的推定と予測問題へ向けた画期的なアプローチが発表された。これが後にカルマンフィルタと呼ばれるようになった。このフィルタは，ウィナーフィルタと比べて次のような特徴を持つ。

1) ウィナーフィルタなどの多くのフィルタは周波数領域で設計され，これを時間領域へ変換することによって実現していた。これに対してカルマンフィルタは，純粋に時間領域でのみ設計されている。

2) ウィナーフィルタでは信号と雑音の定常性を仮定していた。カルマンフィルタではこの制約をとりのぞき，非定常な時系列の処理も可能にしている。

3) ウィナーフィルタでは信号の性質を，電力スペクトル密度や相関関数のような信号を全体としてみた統計的性質で記述していた。これに対してカルマンフィルタでは，信号の時間的な生成過程を数式でモデル化して，これに基づいて信号の振る舞いを記述している。

4) 離散時間のウィナーフィルタは，前章で説明したように有限インパルス応答（FIR）

ディジタルフィルタで実現することが多い。これに対してカルマンフィルタは，それまでに観測された観測値のすべてを用いて推定を行う。その意味では無限インパルス応答（IIR）ディジタルフィルタによる推定であると解釈できる。

3. カルマンフィルタの形

このようなカルマンフィルタがどのようなものかを知ってもらうために，カルマンが導いた最適フィルタ（カルマンフィルタ）の形を，簡単に説明しておこう。

ここで，カルマンフィルタで用いる記号をいくつか定義しておく。まず，$x(k)$ の l 時点における推定値を $\hat{x}(k|l)$ と記す。ここに

・$k>l$ であれば未来の予測（外挿）

・$k=l$ であれば時間遅れのない現在の推定（狭義のフィルタリング）

・$k<l$ であれば時間遅れのある過去の推定（スムージング，平滑，内挿）

となる。この推定値 $\hat{x}(k|l)$ の推定誤差を $\tilde{x}(k|l)$ と記す。これは，$x(k)$ との差

$$\tilde{x}(k|l) = x(k) - \hat{x}(k|l)$$

で与えられる。推定は，この推定誤差が小さくなるように行われる。

カルマンフィルタは，観測信号 $y(k)$ が与えられたときに，信号 $x(k)$ の推定値 $\hat{x}(k|l)$，特に時間遅れのない推定値 $\hat{x}(k|k)$ を得ることを目的として導かれた。

カルマンフィルタではこの推定を逐次的に行う。すなわち $k-1$ 時点での $x(k-1)$ の推定値 $\hat{x}(k-1|k-1)$ が得られていると仮定して，次の k 時点の $\hat{x}(k|k)$ の推定を行うのである。

具体的には，次のような操作を行う。

① **k 時点の観測信号 $y(k)$ を受け取る前に，まずは $k-1$ 時点において，その段階でできることはすべて行う。** すなわち，まずは推定の目的とする k 時点の信号値 $x(k)$ を，$k-1$ 時点までの観測信号 $y(n)$（$n \leq k-1$）に基づいて予測しておく。この最適予測値を $\hat{x}(k|k-1)$ とする。あわせて k 時点の観測信号 $y(k)$ も，やはり $k-1$ 時点までの観測信号 $y(n)$（$n \leq k-1$）に基づいて予測しておく。この最適予測値を $\hat{y}(k|k-1)$ とする。

② **k 時点で $y(k)$ を観測したら，その $y(k)$ から「k 時点に新たに得られた情報」を抽出する。** ここに「k 時点に新たに得られた情報」とは，k 時点における観測信号 $y(k)$ そのものではない。観測信号のうちの予測できた成分は，新たに得られた情報ではない。過去からは予測できなかった成分，すなわち $y(k)$ の予測誤差 $\tilde{y}(k|k-1) = y(k) - \hat{y}(k|k-1)$ がこれに相当する。

③ **「k 時点に新たに得られた情報」によって，$k-1$ 時点の推定値を修正して k 時点での最適推定値を得る。** 具体的には，予測誤差 $\tilde{y}(k|k-1)$ に基づいて，$k-1$ 時点での予測値

$\hat{x}(k|k-1)$ を修正して, k 時点での $x(k)$ の最適推定値 $\hat{x}(k|k)$ を得る. 観測信号の予測誤差 $\tilde{y}(k|k-1)$ に観測雑音が含まれているときは, その雑音を低減する処理をしてから修正を行う.

まとめると, カルマンフィルタでは, ① 推定したい信号 $x(k)$ の予測値 $\hat{x}(k|k-1)$ を $k-1$ 時点で用意しておき, ② k 時点に観測信号 $y(k)$ が与えられたときはその予測誤差 $\tilde{y}(k|k-1)$ を求め, ③ この観測信号の予測誤差 $\tilde{y}(k|k-1)$ に基づいて $\hat{x}(k|k-1)$ を修正することによって, k 時点での最適推定値 $\hat{x}(k|k)$ を得るのである.

これを図で示したものが **図 6.2** である. 図の ①～③ が上記のそれぞれの操作に対応している. カルマンフィルタは次節で述べるように線形的な信号モデルに基づいて導かれているが, この図そのものは時間領域で信号を推定するときのかなり一般的な形と考えてよい.

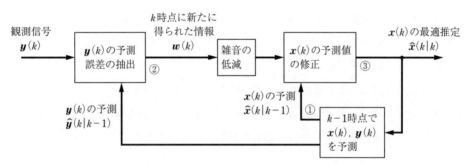

図 6.2 カルマンフィルタの基本モデル

なお, 上記の「k 時点に新たに得られた情報」, すなわち観測信号の予測誤差 $w(k) = \tilde{y}(k|k-1)$ は, **イノベーション** (innovation) と呼ばれることもある. イノベーションは, それ以前は予測できず, 一方でそれ以降に画期的な影響を与える事柄を意味する言葉である. カルマンフィルタでは観測信号の予測誤差が, まさにこのような役割を果たすのである.

6.2 信号と観測のモデル化

信号と観測プロセスをモデル化することによって，具体的なカルマンフィルタへとつなげていこう。

1. 信号のモデル化

カルマンフィルタでは，推定の対象となる信号値 $x(k)$ は，過去の信号値に依存する成分に，その時点で新たに生じた変動成分が加わったものであると考える。すなわち

$k+1$ 時点における信号値

　＝ k 時点までの信号値に依存する成分

　　＋ k 時点で次の信号値を生み出すために新たに生じた変動成分

ここに新たに生じた変動成分には時間的な相関がなく，もちろんそれまでの信号値とも相関がないものとする。

簡単な例で説明しよう。

（1） 単純マルコフ過程

もっとも簡単な信号は，次の $k+1$ 時点の信号値 $x(k+1)$ が，その直前の k 時点の信号値 $x(k)$ の α 倍と，$x(k+1)$ を生み出すために新たに生じた変動成分 $u(k)$ の和で与えられているものである。これを**単純マルコフ過程**（simple Markov process）という。すなわち

$$x(k+1) = \alpha x(k) + u(k) \tag{6.1}$$

（2） 自己回帰過程

単純マルコフ過程を拡張したものが**自己回帰過程**（autoregressive process）である。ここでは，次の $k+1$ 時点の信号値 $x(k+1)$ が，直前の信号値 $x(k)$ だけでなく，これも含めて m 個の

$$x(k), x(k-1), \cdots, x(k-(m-1))$$

に線形的に依存して生じるとする。すなわち

$$x(k+1) = \sum_{i=0}^{m-1} \alpha_i x(k-i) + u(k) \tag{6.2}$$

この自己回帰過程は，次のように行列で表現することができる。すなわち $x(k)$, $x(k-1)$, $\cdots$, $x(k-(m-1))$ を成分とする長さ m の縦ベクトルを

$$\boldsymbol{x}(k) = (x(k), x(k-1), \cdots, x(k-(m-1)))^\mathsf{T} \tag{6.3}$$

で定義すれば

$$
\begin{bmatrix} x(k+1) \\ x(k) \\ x(k-1) \\ \cdots \\ x(k-m+2) \end{bmatrix} = \begin{bmatrix} \alpha_0 & \alpha_1 & \cdots & \alpha_{m-2} & \alpha_{m-1} \\ 1 & & & & 0 \\ & 1 & & \mathbf{0} & \vdots \\ & & \ddots & & \\ \mathbf{0} & & & 1 & 0 \end{bmatrix} \begin{bmatrix} x(k) \\ x(k-1) \\ x(k-2) \\ \vdots \\ x(k-m+1) \end{bmatrix} + \begin{bmatrix} 1 \\ 0 \\ \vdots \\ 0 \end{bmatrix} \big[\, u(k) \,\big]
$$

$$
\underset{m\times 1}{\boldsymbol{x}(k+1)} \qquad\qquad \underset{m\times m}{A} \qquad\qquad\quad \underset{m\times 1}{\boldsymbol{x}(k)} \qquad \underset{m\times 1}{B} \quad \underset{1\times 1}{u(k)}
$$

$$\tag{6.4}$$

このとき，信号値 $x(k)$ はベクトル $\boldsymbol{x}(k)$ の最初の要素であるから

$$
x(k) = \underset{1\times m}{\big[\, 1 \vdots 0 \ \cdots \ 0 \,\big]} \underset{m\times 1}{\begin{bmatrix} x(k) \\ x(k-1) \\ x(k-2) \\ \vdots \\ x(k-m+1) \end{bmatrix}} \tag{6.5}
$$

$$
\underset{1\times m}{C} \qquad\qquad \underset{m\times 1}{\boldsymbol{x}(k)}
$$

したがって，式(6.4)と式(6.5)は合わせて，次のように表記される。

$$
\boldsymbol{x}(k+1) = A\boldsymbol{x}(k) + Bu(k) \tag{6.6}
$$

$$
x(k) = C\boldsymbol{x}(k) \tag{6.7}
$$

これが行列表現された自己回帰過程である。

2. 観測のモデル化

カルマンフィルタでは，このようにして生成された信号 $\boldsymbol{x}(k)$ の C 倍に，雑音 $\boldsymbol{v}(k)$ が加わって観測されると考える。すなわち，観測信号を $\boldsymbol{y}(k)$ とすると

$$
\boldsymbol{y}(k) = C\boldsymbol{x}(k) + \boldsymbol{v}(k) \tag{6.8}
$$

ここに，雑音 $\boldsymbol{v}(k)$ は，それ自体が時間的に相関がない白色雑音で，かつ信号 $\boldsymbol{x}(k)$ とも相関がなく加わっているものとする。

3. 状態方程式と観測方程式

カルマンは，式(6.6)と式(6.8)におけるベクトル $\boldsymbol{x}(k)$ に次のような意味づけをした。

　自己回帰過程では，次の信号値は過去の m 個の信号値に依存しており，この m 個の信号値をその時点でのシステムの**状態**（state）であると考える。状態とはシステムがその時点で持っている記憶のようなものであり，そのときの文字通り「システムの状態」を示すものである。一般には，必ずしも過去の信号値そのものでなくてもよい。その状態を表す変数を要素として持つベクトルを**状態ベクトル**（state vector）と呼ぶ。

式(6.6)はこの状態ベクトルが時間とともにどう変化するかを示したものである。その意

味でこれは**状態方程式**（state equation）と呼ばれる。一方の式 (6.8) は，この状態ベクトルからいかにして信号が生成されて観測されたかを示したものである。その意味でこれは**観測方程式**（observation equation）と呼ばれる。

状態方程式と観測方程式において，行列 A, B, C は一般的な行列であってもよい。状態ベクトル $\boldsymbol{x}(k)$ は長さ m のベクトルであるが，そのほかの量も一般にベクトルであると考えてよい。すなわち，$\boldsymbol{u}(k)$ を長さ r のベクトル，観測信号 $\boldsymbol{y}(k)$ と雑音 $\boldsymbol{v}(k)$ を長さ n のベクトルとすれば，状態方程式と観測方程式は次のようになる。

$$\underset{m\times1}{\boldsymbol{x}(k+1)} = \underset{m\times m}{A}\ \underset{m\times1}{\boldsymbol{x}(k)} + \underset{m\times r}{B}\ \underset{r\times1}{\boldsymbol{u}(k)} \tag{6.9}$$

$$\underset{n\times1}{\boldsymbol{y}(k)} = \underset{n\times m}{C}\ \underset{m\times1}{\boldsymbol{x}(k)} + \underset{n\times1}{\boldsymbol{v}(k)} \tag{6.10}$$

カルマンは，さらにこれを拡張して，状態方程式と観測方程式における係数 A, B, C は時間とともに変化してもよいとした。ただし，どのように変化するか，すなわち $A(k)$, $B(k)$, $C(k)$ の値はあらかじめわかっているものとする。さらには信号の変動分 $\boldsymbol{u}(k)$ の大きさと観測雑音 $\boldsymbol{v}(k)$ の大きさも時間的に変化してよいとした。すなわち，それぞれの共分散行列を

$$\underset{r\times r}{Q(k)} = E[\boldsymbol{u}(k)\boldsymbol{u}(k)^{\mathrm{T}}] \tag{6.11}$$

$$\underset{n\times n}{R(k)} = E[\boldsymbol{v}(k)\boldsymbol{v}(k)^{\mathrm{T}}] \tag{6.12}$$

で定義して，Q も R も時間の関数であってもよいとしたのである。

以上をまとめると，状態方程式と観測方程式で記述される信号源のモデルは次のようになる。

定義 6.1（カルマンフィルタにおける信号源のモデル）

カルマンフィルタでは，次のような信号源のモデルを想定して，観測信号 $\boldsymbol{y}(k)$ から状態ベクトル信号 $\boldsymbol{x}(k)$ の推定を行う。

状態方程式：$\boldsymbol{x}(k+1) = A(k)\boldsymbol{x}(k) + B(k)\boldsymbol{u}(k)$ (6.13)

観測方程式：$\boldsymbol{y}(k) = C(k)\boldsymbol{x}(k) + \boldsymbol{v}(k)$ (6.14)

ただし，$\boldsymbol{u}(k)$ と $\boldsymbol{v}(k)$ の共分散行列は式 (6.11) と式 (6.12) で与えられ，それぞれ時間的には相関がないものとする。

図 6.3 は，この信号源のモデルを図で示したものである。

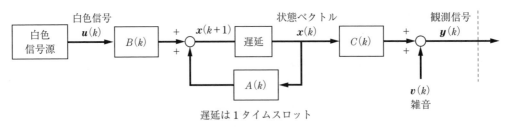

図 6.3 信号源と観測のモデル

6.3 カルマンフィルタの構成

前節で述べた信号と観測のモデルを，図 6.2 のカルマンフィルタの基本モデルに適用して，その構成が具体的にどうなるか考えてみよう．

1. カルマンフィルタにおける推定問題

まずは，カルマンフィルタにおける推定問題を，きちんと定式化しておく．ただし簡単のために，ここでは，状態方程式における信号の変動分 $u(k)$ の平均値が $\mathbf{0}$（零ベクトル）で，かつ時間的な相関がないものとして，その共分散行列を

$$E[u(k)u(l)^{\mathrm{T}}] = \delta_{kl} Q(k) \tag{6.15}$$

とする．ここに δ_{kl} はクロネッカの δ であり

$$\delta_{kl} = \begin{cases} 1 & (k = l) \\ 0 & (k \neq l) \end{cases} \tag{6.16}$$

で定義される．同様にして観測雑音 $v(k)$ も平均値 $\mathbf{0}$ でその共分散行列は次式で与えられるものとする．

$$E[v(k)v(l)^{\mathrm{T}}] = \delta_{kl} R(k) \tag{6.17}$$

さらには，$u(k)$ と $v(l)$ はすべての時点で相関がないものとする．

$$E[u(k)v(l)^{\mathrm{T}}] = O \quad (零行列) \tag{6.18}$$

この条件のもとで，フィルタの推定のよさを判定する評価基準として，k 時点での推定値 $\hat{x}(k|k)$ の推定誤差

$$\tilde{x}(k|k) = x(k) - \hat{x}(k|k) \tag{6.19}$$

が平均二乗誤差の意味で最小になるようにフィルタを最適化する。

すなわち
$$E[\|\tilde{x}(k|k)\|^2] = E[\|x(k) - \hat{x}(k|k)\|^2] \tag{6.20}$$
を最小にすることがカルマンフィルタの目的である。

以上より，カルマンフィルタの設計問題は次のようになる。

問題 6.1（カルマンフィルタ）

信号源モデルとして，状態方程式と観測方程式が
$$x(k+1) = A(k)x(k) + B(k)u(k) \tag{6.21}$$
$$y(k) = C(k)x(k) + v(k) \tag{6.22}$$
で与えられたとき，k 時点における $x(k)$ の推定誤差
$$\tilde{x}(k|k) = x(k) - \hat{x}(k|k) \tag{6.23}$$
が平均二乗の意味で最小になるフィルタを求めよ。ただし，$u(k)$ と $v(k)$ の共分散行列は式(6.15)と式(6.17)で与えられているものとする。

---

2. カルマンフィルタの基本構成

先に示したカルマンフィルタの基本モデル（**図 6.4**（図 6.2 再掲））は，ここでの推定問題に対して最適な構成となる。この証明は後述（6.5 節の 4. 項）することとして，ここではまず，この基本モデルが成り立つことを前提として説明を進めよう。カルマンフィルタの物理的な意味を明確にするという意味では，そのほうが説明しやすいからである。

この図にあるように，カルマンフィルタでは，信号 $x(k)$ の 1 時点予測 $\hat{x}(k|k-1)$ と観測信号 $y(k)$ の 1 時点予測 $\hat{y}(k|k-1)$ が重要な役割を果たしている。式(6.21)と式(6.22)の状態方程式と観測方程式をこれに適用すると，それぞれ次のように求められる。

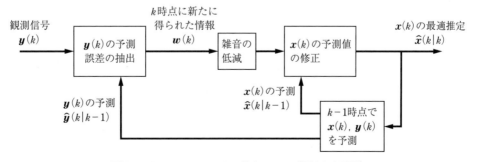

図 6.4 カルマンフィルタの基本モデル（図 6.2 を再掲）

（1） 状態ベクトル $x(k)$ の予測値 $\hat{x}(k|k-1)$ の導出

$$x(k) = A(k-1)x(k-1) + B(k-1)u(k-1) \tag{6.24}$$

より，これを $k-1$ 時点で予測すると

$$\hat{x}(k|k-1) = A(k-1)\hat{x}(k-1|k-1) + B(k-1)\hat{u}(k-1|k-1) \tag{6.25}$$

ここに $u(k-1)$ は k 時点の $x(k)$ にかかわるもので，$k-1$ 時点では予測できないから，第2項は $\mathbf{0}$（零ベクトル）となる。これを考慮すると次式が得られる。

$$\hat{x}(k|k-1) = A(k-1)\hat{x}(k-1|k-1) \tag{6.26}$$

あるいは1時点ずらして

$$\hat{x}(k+1|k) = A(k)\hat{x}(k|k) \tag{6.27}$$

（2） 観測ベクトル $y(k)$ の予測値 $\hat{y}(k|k-1)$ の導出

$$y(k) = C(k)x(k) + v(k) \tag{6.28}$$

より，これを $k-1$ 時点で予測すると

$$\hat{y}(k|k-1) = C(k)\hat{x}(k|k-1) + \hat{v}(k|k-1) \tag{6.29}$$

ここに $v(k)$ は k 時点の $y(k)$ にかかわるもので，$k-1$ 時点では予測できないから，第2項は $\mathbf{0}$ となる。したがって次式が得られる。

$$\hat{y}(k|k-1) = C(k)\hat{x}(k|k-1) \tag{6.30}$$

こうして得られた式(6.27)と式(6.30)を図6.4に適用してみよう。線形性を仮定して構成すると，**図6.5** のカルマンフィルタが得られる。これは，式では次のように表記される。

$$\begin{aligned}\hat{x}(k|k) &= \hat{x}(k|k-1) + K(k)(y(k) - \hat{y}(k|k-1)) \\ &= \hat{x}(k|k-1) + K(k)(y(k) - C(k)\hat{x}(k|k-1))\end{aligned} \tag{6.31}$$

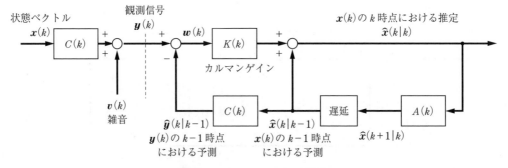

図6.5 カルマンフィルタの構成

6.4 カルマンゲイン

図 6.5 において残されているのは，行列 $K(k)$ の設計である。これは**カルマンゲイン** (Kalman gain) と呼ばれている。

1. カルマンフィルタの変形

カルマンフィルタは，$x(k)$ の k 時点の推定誤差

$$\tilde{x}(k|k) = x(k) - \hat{x}(k|k) \tag{6.32}$$

が平均二乗の意味で最小になるフィルタである。一般に，平均二乗誤差を最小にする最適解は，「最適な推定を行ったときに，その推定誤差はそれまでの観測信号とは相関がない」という直交性の原理を適用することにより求められる。すなわち

$$E\left[(x(k) - \hat{x}(k|k))y(k-l)^{\mathrm{T}}\right] = \mathrm{O}(零行列) \quad (l \geq 0) \tag{6.33}$$

ここでの問題はカルマンゲイン $K(k)$ の最適化である。その立場からこの最適化問題がどのようになるか考えてみよう。

まずは，図 6.5 のイノベーション $w(k)$ が次のように変形できることに注目しよう。

$$\begin{aligned} w(k) &= y(k) - C(k)\hat{x}(k|k-1) = (C(k)x(k) + v(k)) - C(k)\hat{x}(k|k-1) \\ &= C(k)(x(k) - \hat{x}(k|k-1)) + v(k) \end{aligned} \tag{6.34}$$

これは**図 6.6** が図 6.5 の構成と等価であることを意味している。

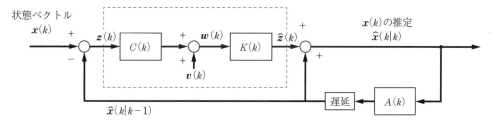

図 6.6 カルマンフィルタの図 6.5 を変形したモデル

この図 6.6 において点線四角で囲った部分を特に取り出すと**図 6.7** のようになり，その入力 $z(k)$ と出力 $\hat{z}(k)$ はそれぞれ次式で与えられる。

$$z(k) = x(k) - \hat{x}(k|k-1) \tag{6.35}$$

$$\hat{z}(k) = K(k)w(k) = K(k)(C(k)z(k) + v(k)) \tag{6.36}$$

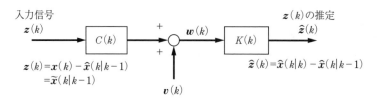

図 6.7 図 6.6 の点線四角で囲った部分の推定問題

$\hat{\boldsymbol{z}}(k)$ は，図 6.6 からも明らかなように，次のようにも表現できる。

$$\hat{\boldsymbol{z}}(k) = \hat{\boldsymbol{x}}(k|k) - \hat{\boldsymbol{x}}(k|k-1) \tag{6.37}$$

2. カルマンゲインの最適化問題

このように，図 6.6 から図 6.7 を取り出すと，カルマンゲイン $K(k)$ を最適化するためには，図 6.7 の推定問題を解けばよいように思われる。この推測が正しいことは次のようにして示される。

式 (6.34) の最初の式より

$$\boldsymbol{y}(k) = \boldsymbol{w}(k) + C(k)\hat{\boldsymbol{x}}(k|k-1) \tag{6.38}$$

であるから，これを $\boldsymbol{y}(k)$ に関係する直交性の原理

$$E[(\boldsymbol{x}(k) - \hat{\boldsymbol{x}}(k|k))\boldsymbol{y}(k)^{\mathrm{T}}] = \mathrm{O} \tag{6.39}$$

に代入してみよう。すると

$$\begin{aligned} &E[(\boldsymbol{x}(k) - \hat{\boldsymbol{x}}(k|k))(\boldsymbol{w}(k) + C(k)\hat{\boldsymbol{x}}(k|k-1))^{\mathrm{T}}] \\ &= E[(\boldsymbol{x}(k) - \hat{\boldsymbol{x}}(k|k))\boldsymbol{w}(k)^{\mathrm{T}}] + E[(\boldsymbol{x}(k) - \hat{\boldsymbol{x}}(k|k))\hat{\boldsymbol{x}}(k|k-1)^{\mathrm{T}}]C(k)^{\mathrm{T}} \\ &= \mathrm{O} \end{aligned} \tag{6.40}$$

ここに，$\hat{\boldsymbol{x}}(k|k-1)$ は過去の観測信号 $\boldsymbol{y}(k-l)$ （$l \geqq 1$）の線形結合になっているので，$l \geqq 1$ の直交性の原理から，$\hat{\boldsymbol{x}}(k|k-1)$ が関係している第 2 項はそれ自体で O となる。したがって

$$E[(\boldsymbol{x}(k) - \hat{\boldsymbol{x}}(k|k))\boldsymbol{w}(k)^{\mathrm{T}}] = \mathrm{O} \tag{6.41}$$

さらに式 (6.35) から式 (6.37) を差し引くと

$$\boldsymbol{x}(k) - \hat{\boldsymbol{x}}(k|k) = \boldsymbol{z}(k) - \hat{\boldsymbol{z}}(k) \tag{6.42}$$

であるから，k 時点の直交性の原理は次のように表現される。

$$E[(\boldsymbol{z}(k) - \hat{\boldsymbol{z}}(k))\boldsymbol{w}(k)^{\mathrm{T}}] = \mathrm{O} \tag{6.43}$$

これより，$K(k)$ の最適化問題が次のようになることがわかる。

問題 6.2（カルマンゲイン $K(k)$ の最適化）

図 6.7 のモデルにおいて

$$\boldsymbol{w}(k) = C(k)\boldsymbol{z}(k) + \boldsymbol{v}(k) \tag{6.44}$$

$$\hat{\boldsymbol{z}}(k) = K(k)\boldsymbol{w}(k) \tag{6.45}$$

としたときに，式(6.43)の直交性の原理をみたす $K(k)$ を求めよ。

これは

$$\boldsymbol{z}(k) = \boldsymbol{x}(k) - \hat{\boldsymbol{x}}(k|k-1) = \tilde{\boldsymbol{x}}(k|k-1) \tag{6.46}$$

すなわち，$\boldsymbol{x}(k)$ の予測誤差を入力信号（目標信号）として，イノベーション $\boldsymbol{w}(k)$ を観測信号とする推定問題である。この推定誤差 $\boldsymbol{z}(k) - \hat{\boldsymbol{z}}(k)$ は，式(6.42)より $\boldsymbol{x}(k)$ そのものの推定誤差 $\boldsymbol{x}(k) - \hat{\boldsymbol{x}}(k|k)$ に等しい。

なお，以下では，$\boldsymbol{x}(k)$ の予測誤差 $\tilde{\boldsymbol{x}}(k|k-1)$，すなわち $\boldsymbol{z}(k)$ の共分散行列を

$$D(k|k-1) = E[\tilde{\boldsymbol{x}}(k|k-1)\tilde{\boldsymbol{x}}(k|k-1)^{\mathrm{T}}] = E[\boldsymbol{z}(k)\boldsymbol{z}(k)^{\mathrm{T}}] \tag{6.47}$$

$\boldsymbol{x}(k)$ の推定誤差 $\tilde{\boldsymbol{x}}(k|k)$，すなわち $\boldsymbol{z}(k)$ の推定誤差 $\tilde{\boldsymbol{z}}(k)$ の共分散行列を

$$D(k|k) = E[\tilde{\boldsymbol{x}}(k|k)\tilde{\boldsymbol{x}}(k|k)^{\mathrm{T}}] = E[\tilde{\boldsymbol{z}}(k)\tilde{\boldsymbol{z}}(k)^{\mathrm{T}}] \tag{6.48}$$

と記すことにする。この共分散行列 $D(k|k)$ の対角成分の和（トレース）が，カルマンフィルタ全体の推定の平均二乗誤差を与える。

3. 最適なカルマンゲイン

前項で述べたカルマンゲイン $K(k)$ の最適化問題は，k 時点だけに着目すればよいから，5.4節（ベクトル信号のウィナーフィルタ）で述べたベクトル信号の推定と同じ問題になる。

すなわち，式(6.43)の直交性の原理の左辺に式(6.36)と式(6.44)を代入すると

$$E[(\boldsymbol{z}(k) - \hat{\boldsymbol{z}}(k))\boldsymbol{w}(k)^{\mathrm{T}}]$$

$$= E[(\boldsymbol{z}(k) - K(k)(C(k)\boldsymbol{z}(k) + \boldsymbol{v}(k)))(C(k)\boldsymbol{z}(k) + \boldsymbol{v}(k))^{\mathrm{T}}]$$

ここに信号 $\boldsymbol{z}(k)$ と雑音 $\boldsymbol{v}(k)$ は無相関であることを用いて

$$= (I - K(k)C(k))E[\boldsymbol{z}(k)\boldsymbol{z}(k)^{\mathrm{T}}]C(k)^{\mathrm{T}} - K(k)E[\boldsymbol{v}(k)\boldsymbol{v}(k)^{\mathrm{T}}]$$

これに $\boldsymbol{z}(k)$ の共分散行列 $D(k|k-1)$ と $\boldsymbol{v}(k)$ の共分散行列 $R(k)$ を代入して，$K(k)$ について整理すると

$$= (I - K(k)C(k))D(k|k-1)C(k)^{\mathrm{T}} - K(k)R(k)$$

$$= D(k|k-1)C(k)^{\mathrm{T}} - K(k)(C(k)D(k|k-1)C(k)^{\mathrm{T}} + R(k))$$

$$= O \tag{6.49}$$

すなわち，最後の式が直交性の原理によって O（零行列）となる。

これより最適なカルマンゲインが

$$K(k) = D(k|k-1)C(k)^{\mathrm{T}}(C(k)D(k|k-1)C(k)^{\mathrm{T}} + R(k))^{-1} \tag{6.50}$$

となることがわかる。

4. 推定誤差の共分散行列

このとき，$\boldsymbol{z}(k)$の推定誤差の共分散行列（これは$\boldsymbol{x}(k)$の推定の共分散行列でもある）は次のようにして求められる。すなわち

$$
\begin{aligned}
D(k|k) &= E[(\boldsymbol{z}(k)-\hat{\boldsymbol{z}}(k))(\boldsymbol{z}(k)-\hat{\boldsymbol{z}}(k))^{\mathrm{T}}] \\
&= E[(\boldsymbol{z}(k)-\hat{\boldsymbol{z}}(k))(\boldsymbol{z}(k)-K(k)\boldsymbol{w}(k))^{\mathrm{T}}]
\end{aligned}
\tag{6.51}
$$

直交性の原理から，$\boldsymbol{w}(k)$の項は0となって

$$
= E[(\boldsymbol{z}(k)-\hat{\boldsymbol{z}}(k))\boldsymbol{z}(k)^{\mathrm{T}}]
\tag{6.52}
$$

これに式(6.36)を代入して，雑音$\boldsymbol{v}(k)$と$\boldsymbol{z}(k)$が無相関であることを考慮すると

$$
\begin{aligned}
D(k|k) &= E[(\boldsymbol{z}(k)-K(k)(C(k)\boldsymbol{z}(k)+\boldsymbol{v}(k)))\boldsymbol{z}(k)^{\mathrm{T}}] \\
&= (I-K(k)C(k))E[\boldsymbol{z}(k)\boldsymbol{z}(k)^{\mathrm{T}}] \\
&= (I-K(k)C(k))D(k|k-1)
\end{aligned}
\tag{6.53}
$$

となる。これはカルマンゲイン$K(k)$を含んだ式であるので，式(6.50)を代入すると

$$
\begin{aligned}
D(k|k) = {}& D(k|k-1) \\
& -D(k|k-1)C(k)^{\mathrm{T}}(C(k)D(k|k-1)C(k)^{\mathrm{T}}+R(k))^{-1}C(k)D(k|k-1)
\end{aligned}
\tag{6.54}
$$

なる表現が得られる。

このようにして求められた$K(k)$に関する式(6.50)と$D(k|k)$に関する式(6.54)は複雑に見えるが，これらがそれぞれ5.4節の式(5.85)と式(5.86)に対応していることに注意されたい。

5. 予測誤差の共分散行列

予測誤差$\tilde{\boldsymbol{x}}(k|k-1)$の共分散行列$D(k|k-1)$の表現式も導いておこう。

$$
\begin{aligned}
\tilde{\boldsymbol{x}}(k|k-1) &= \boldsymbol{x}(k)-\hat{\boldsymbol{x}}(k|k-1) \\
&= (A(k-1)\boldsymbol{x}(k-1)+B(k-1)\boldsymbol{u}(k-1))-A(k-1)\hat{\boldsymbol{x}}(k-1|k-1) \\
&= A(k-1)\tilde{\boldsymbol{x}}(k-1|k-1)+B(k-1)\boldsymbol{u}(k-1)
\end{aligned}
\tag{6.55}
$$

であるからこれを用い，かつ$\tilde{\boldsymbol{x}}(k-1|k-1)$と$\boldsymbol{u}(k-1)$が無相関であることを考慮すると，$D(k|k-1)$は

$$
D(k|k-1) = A(k-1)D(k-1|k-1)A(k-1)^{\mathrm{T}}+B(k-1)Q(k-1)B(k-1)^{\mathrm{T}}
\tag{6.56}
$$

となる。これは1時点ずらして次のように記してもよい。

$$
D(k+1|k) = A(k)D(k|k)A(k)^{\mathrm{T}}+B(k)Q(k)B(k)^{\mathrm{T}}
\tag{6.57}
$$

6.5 最適カルマンフィルタ

1. 最適なカルマンフィルタのまとめ

こうして最適なカルマンフィルタが求められた。定理の形でまとめておこう。

定理 6.1（最適なカルマンフィルタ）

カルマンフィルタにおける信号モデルを

$$\boldsymbol{x}(k+1) = A(k)\boldsymbol{x}(k) + B(k)\boldsymbol{u}(k) \tag{6.21}'$$

$$\boldsymbol{y}(k) = C(k)\boldsymbol{x}(k) + \boldsymbol{v}(k) \tag{6.22}'$$

ここに

$$E[\boldsymbol{u}(k)\boldsymbol{u}(l)^{\mathrm{T}}] = \delta_{kl}Q(k) \tag{6.15}'$$

$$E[\boldsymbol{v}(k)\boldsymbol{v}(l)^{\mathrm{T}}] = \delta_{kl}R(k) \tag{6.17}'$$

$$E[\boldsymbol{u}(k)\boldsymbol{v}(l)^{\mathrm{T}}] = O \quad （零行列） \tag{6.18}'$$

とする。このとき最適なフィルタ構成は図 6.5 の形となり，状態ベクトル $\boldsymbol{x}(k)$ の k 時点における最適推定値 $\hat{\boldsymbol{x}}(k|k)$ と次の時点の予測値 $\hat{\boldsymbol{x}}(k+1|k)$ は次式で与えられる。

$$\hat{\boldsymbol{x}}(k|k) = \hat{\boldsymbol{x}}(k|k-1) + K(k)\left(\boldsymbol{y}(k) - C(k)\hat{\boldsymbol{x}}(k|k-1)\right) \tag{6.31}'$$

$$\hat{\boldsymbol{x}}(k+1|k) = A(k)\hat{\boldsymbol{x}}(k|k) \tag{6.27}'$$

ここに $K(k)$ はカルマンゲインと呼ばれているもので

$$K(k) = D(k|k-1)C(k)^{\mathrm{T}}(C(k)D(k|k-1)C(k)^{\mathrm{T}} + R(k))^{-1} \tag{6.50}'$$

で与えられる。また予測誤差の共分散行列 $D(k|k-1)$ と推定誤差の共分散行列 $D(k|k)$ は次のような関係にある。

$$D(k|k-1) = A(k-1)D(k-1|k-1)A(k-1)^{\mathrm{T}} + B(k-1)Q(k-1)B(k-1)^{\mathrm{T}} \tag{6.56}'$$

$$D(k|k) = D(k|k-1)$$
$$\quad - D(k|k-1)C(k)^{\mathrm{T}}(C(k)D(k|k-1)C(k)^{\mathrm{T}} + R(k))^{-1}C(k)D(k|k-1)$$
$$\tag{6.54}'$$

これが離散時間のカルマンフィルタの解である。$D(k|k-1)$ と $D(k|k)$ は，あわせて漸化式の形になっているので，$A(k)$，$B(k)$，$C(k)$，$Q(k)$．$R(k)$ があらかじめわかっていれば，適当な初期値，例えば $D(0|0) = O$（零行列）のもとで，順次式(6.56)と式(6.54)を適用することにより求められる。これにより $D(k|k-1)$ が定まれば，式(6.50)によりカルマン係数 $K(k)$ をあらかじめ計算することができて，カルマンフィルタが実現される。**図 6.8** はこの計算プロ

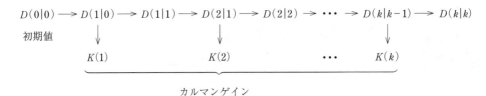

図 6.8 カルマンゲインの計算プロセス

セスを示したものである。

2. カルマンフィルタにおける関係式の別表現

定理 6.1 にある関係式は，次のように表現することもできる。

（1） 推定誤差共分散行列 $D(k|k)$ の別表現

式 (6.54) の $D(k|k)$ は一見複雑な式になっているが，次の逆行列の補助定理を用いると，より簡潔に表現することができる。

定理 6.2（逆行列の補助定理（matrix inversion lemma））

$$F = D - DC^T(CDC^T + R)^{-1}CD \tag{6.58}$$

のとき，D と R が正則であれば

$$F^{-1} = D^{-1} + C^T R^{-1} C \tag{6.59}$$

【証明】 式 (6.58) と式 (6.59) の右辺の積を計算すると

$$(D - DC^T(CDC^T + R)^{-1}CD)(D^{-1} + C^T R^{-1} C)$$
$$= I + DC^T R^{-1} C - DC^T(CDC^T + R)^{-1}(R + CDC^T)R^{-1}C = I \tag{6.60}$$

より単位行列となる。したがって，式 (6.58) と式 (6.59) はたがいに逆行列の関係にある。

（証明終わり）

この逆行列の補助定理を，式 (6.54) に適用すると

$$D(k|k)^{-1} = D(k|k-1)^{-1} + C(k)^T R(k)^{-1} C(k) \tag{6.61}$$

なる表現式が得られる（これは前章のスカラー値の推定問題における式 (5.8) に相当するものである）。

（2） カルマンゲイン $K(k)$ の別表現

カルマンゲインの式 (6.50) を変形すると

$$K(k)(C(k)D(k|k-1)C(k)^T + R(k)) = D(k|k-1)C(k)^T \tag{6.62}$$

であるから

$$K(k)R(k) = (I - K(k)C(k))D(k|k-1)C(k)^{\mathrm{T}} \tag{6.63}$$

式(6.53)を代入すると

$$K(k)R(k) = D(k|k)C(k)^{\mathrm{T}} \tag{6.64}$$

したがって，カルマンゲイン $K(k)$ の表現式として次式を得る。

$$K(k) = D(k|k)C(k)^{\mathrm{T}}R(k)^{-1} \tag{6.65}$$

3. カルマンフィルタにおけるそれぞれの関係式の意味

定理 6.1 におけるそれぞれの関係式にはそれなりの物理的な意味がある。

（1） カルマンゲイン $K(k)$ を与える式(6.50)

$$K(k) = D(k|k-1)C(k)^{\mathrm{T}}(C(k)D(k|k-1)C(k)^{\mathrm{T}} + R(k))^{-1}$$

これは，図 6.7 に示した等価な信号推定問題の解として得られたもので，ベクトル信号の推定問題のウィナーフィルタと同じ構造をしている。すなわち，その基本は

$$最適推定 = \frac{信号分}{信号分 + 雑音分}$$

であって，ここでは，予測誤差に関係する共分散行列 $D(k|k-1)$ が信号分に，雑音の共分散行列 $R(k)$ が雑音分になっている。

（2） 推定誤差の共分散行列 $D(k|k)$ を与える式(6.54)

$$D(k|k) = D(k|k-1) - D(k|k-1)C(k)^{\mathrm{T}}(C(k)D(k|k-1)C(k)^{\mathrm{T}} + R(k))^{-1}C(k)D(k|k-1)$$

これも図 6.7 に示した等価な信号推定問題の解として得られたもので，この右辺の第 1 項は $D(k|k-1)$，すなわち k 時点の観測信号 $\boldsymbol{y}(k)$ が得られる前の推定誤差である。$\boldsymbol{y}(k)$ を新たに観測することで第 2 項の部分だけ推定誤差が減少する。

これはカルマンゲイン $K(k)$ との関係が明示されている式(6.53)，すなわち

$$D(k|k) = (I - K(k)C(k))D(k|k-1)$$

のほうがわかりやすいかもしれない。

少し極端な場合を考えてみよう。$R(k) = O$（零行列），すなわち k 時点における雑音がなく，しかも $C(k)$ が正則の場合は $K(k) = C(k)^{-1}$ となって，推定誤差 $D(k|k)$ は O となる。一方で $R(k)$ が極めて大きいときは，$K(k)$ において $R(k)$ が逆行列（つまり分母に相当するところ）に含まれているので，$K(k) = O$ となる。そのときは予測誤差がそのまま推定誤差となる。$K(k) = O$ とすることによって，たまたまある時点で $R(k)$ が大きいときに，その雑音がカルマンフィルタ全体に影響を与えることを防いでいるのである。

（3） 予測誤差の共分散行列 $D(k|k-1)$ を与える式(6.56)

$$D(k|k-1) = A(k-1)D(k-1|k-1)A(k-1)^{\mathrm{T}} + B(k-1)Q(k-1)B(k-1)^{\mathrm{T}}$$

この右辺の第1項は $D(k-1|k-1)$ が関係している。これは $k-1$ 時点での $\hat{x}(k-1|k-1)$ の推定誤差が影響して，それが予測誤差となってしまった項である。一方，第2項は $Q(k-1)$ が関係している。これは信号源で $x(k)$ が生成されるときに新たに生じた変動分 $u(k-1)$ によるものであって，当然 $k-1$ 時点では予測できない。この二つの項が予測誤差の共分散行列 $D(k|k-1)$ を決めているのである。

（4） カルマンフィルタの基本構成（図6.5）を与える式(6.31)

$$\hat{x}(k|k) = \hat{x}(k|k-1) + K(k)(y(k) - \hat{y}(k|k-1))$$
$$= \hat{x}(k|k-1) + K(k)(y(k) - C(k)\hat{x}(k|k-1))$$

これは，図6.2で示したモデルを，定義6.1で示した信号モデルに適用した結果であって，その意味はすでに述べたとおりである。すなわち，推定したい信号 $x(k)$ の予測値 $\hat{x}(k|k-1)$ を $k-1$ 時点で用意しておき，k 時点に観測信号 $y(k)$ が与えられたときはその予測誤差 $\tilde{y}(k|k-1)$ を求める。この観測信号の予測誤差 $\tilde{y}(k|k-1)$ に基づいて，カルマンゲイン $K(k)$ によって雑音を低減して $\hat{x}(k|k-1)$ を修正する。これによって，k 時点での最適推定値 $\hat{x}(k|k)$ を得るのである。

この形が推定問題の解としても最適になることを次に証明しておこう。

4. カルマンフィルタの基本構成が最適であることの証明

本章では，時間領域での推定フィルタが図6.2の形になることを前提として説明してきた。最後にこの形が推定問題の解として最適な構成であることを示しておこう。

ここでは線形的なフィルタを仮定し，k 時点の最適推定値 $\hat{x}(k|k)$ が，1時点前の事前推定値である最適予測値 $\hat{x}(k|k-1)$ と k 時点に得られた観測信号 $y(k)$ の線形結合で与えられるとする。

$$\hat{x}(k|k) = F(k)\hat{x}(k|k-1) + G(k)y(k) \tag{6.66}$$

ここに観測信号 $y(k)$ は次式で与えられている。$v(k)$ は雑音である。

$$y(k) = C(k)x(k) + v(k) \tag{6.67}$$

ここでの最適化問題は，最適な推定を行ったときに成立する直交性の原理

$$E[\tilde{x}(k|k)y(k-l)^{\mathrm{T}}] = O \quad (l \geq 0) \tag{6.68}$$

を用いて，これをみたす式(6.66)の係数 $F(k)$ と $G(k)$ を求めることである。ここに $\tilde{x}(k|k)$ は推定誤差

$$\tilde{x}(k|k) = x(k) - \hat{x}(k|k) \tag{6.69}$$

である。以下では，$k-1$ 時点までの直交性の原理を利用して，$F(k)$ と $G(k)$ の関係を求める

こととする。

まずは，推定誤差 $\widetilde{\boldsymbol{x}}(k|k)$ の式(6.69)を次のように変形する。すなわち，式(6.66)を代入して，さらに観測信号 $\boldsymbol{y}(k)$ の式(6.67)を代入して整理すると

$$
\begin{aligned}
\widetilde{\boldsymbol{x}}(k|k) &= \boldsymbol{x}(k) - \widehat{\boldsymbol{x}}(k|k) \\
&= \boldsymbol{x}(k) - (F(k)\widehat{\boldsymbol{x}}(k|k-1) + G(k)\boldsymbol{y}(k)) \\
&= \boldsymbol{x}(k) - (F(k)\widehat{\boldsymbol{x}}(k|k-1) + G(k)(C(k)\boldsymbol{x}(k) + \boldsymbol{v}(k))) \\
&= (I - G(k)C(k))\boldsymbol{x}(k) - F(k)\widehat{\boldsymbol{x}}(k|k-1) - G(k)\boldsymbol{v}(k)
\end{aligned}
\tag{6.70}
$$

これは次のようにも表現できる。

$$
\widetilde{\boldsymbol{x}}(k|k) = (I - G(k)C(k) - F(k))\boldsymbol{x}(k) + F(k)(\boldsymbol{x}(k) - \widehat{\boldsymbol{x}}(k|k-1)) - G(k)\boldsymbol{v}(k) \tag{6.71}
$$

ここに右辺の第2項

$$
\boldsymbol{x}(k) - \widehat{\boldsymbol{x}}(k|k-1) = \widetilde{\boldsymbol{x}}(k|k-1) \tag{6.72}
$$

は $k-1$ 時点の予測値の予測誤差となるから，$k-1$ 時点までの観測信号 $\boldsymbol{y}(k-l)$ $(l \geqq 1)$ とは相関がない。また k 時点の雑音 $\boldsymbol{v}(k)$ も，$k-1$ 時点までの観測信号 $\boldsymbol{y}(k-l)$ $(l \geqq 1)$ とは相関がない。これより，式(6.71)を式(6.68)の直交性の原理（ただし $l \geqq 1$）に代入すると第1項だけが残り，結局次式が成立することが必要になる。

$$
E[\widetilde{\boldsymbol{x}}(k|k)\boldsymbol{y}(k-l)^{\mathrm{T}}] = (I - G(k)C(k) - F(k))E[\boldsymbol{x}(k)\boldsymbol{y}(k-l)^{\mathrm{T}}] = O \qquad (l \geqq 1) \tag{6.73}
$$

一般に $E[\boldsymbol{x}(k)\boldsymbol{y}(k-l)^{\mathrm{T}}] \neq O$ $(l \geqq 1)$ であるので，この式がつねに成り立つための条件として

$$
I - G(k)C(k) - F(k) = O \tag{6.74}
$$

すなわち

$$
F(k) = I - G(k)C(k) \tag{6.75}
$$

が得られる。

これを式(6.66)に代入することによって最終的に

$$
\begin{aligned}
\widehat{\boldsymbol{x}}(k|k) &= (I - G(k)C(k))\widehat{\boldsymbol{x}}(k|k-1) + G(k)\boldsymbol{y}(k) \\
&= \widehat{\boldsymbol{x}}(k|k-1) + G(k)(\boldsymbol{y}(k) - C(k)\widehat{\boldsymbol{x}}(k|k-1))
\end{aligned}
\tag{6.76}
$$

となる。これは $G(k) = K(k)$（カルマンゲイン）とおけば式(6.31)と一致する。このことは式(6.31)の形が直交性の原理をみたす最適な構成であることを意味している。

なお，ここでの説明から明らかなように，式(6.76)の形を導くために利用しているのは，式(6.68)の直交性の原理の $l \geqq 1$ の部分である。$l = 0$，すなわち k 時点の観測信号 $\boldsymbol{y}(k)$ に関係している直交性の原理は，カルマンゲイン $K(k)$ を最適化するときに利用される。これは6.4節で説明したとおりである。

6.6 カルマンフィルタの拡張

こうしてカルマンフィルタの基本的な構成が示された。これはさまざまな形に拡張されている。

1. 連続時間カルマンフィルタ

カルマンフィルタは連続時間信号にも拡張されている。ここでは結果のみを記しておこう。まず，式(6.21)と式(6.22)に相当する信号モデルは

$$\frac{d}{dt}\boldsymbol{x}(t) = A(t)\boldsymbol{x}(t) + B(t)\boldsymbol{u}(t) \tag{6.77}$$

$$\boldsymbol{y}(t) = C(t)\boldsymbol{x}(t) + \boldsymbol{v}(t) \tag{6.78}$$

となる。離散時間の場合は状態方程式で次の時点の信号値を規定していたが，連続時間では，式(6.77)のように信号の変化分を規定しているところが違っている。$\boldsymbol{u}(t)$と$\boldsymbol{v}(t)$はいずれも白色雑音である。

このとき，最適な連続時間カルマンフィルタは次式で与えられる。

$$\frac{d}{dt}\hat{\boldsymbol{x}}(t) = A(t)\hat{\boldsymbol{x}}(t) + K(t)[\boldsymbol{y}(t) - C(t)\hat{\boldsymbol{x}}(t)] \tag{6.79}$$

ここにカルマン係数は式(6.65)に対応して

$$K(t) = D(t)C(t)^\mathrm{T}R(t)^{-1} \tag{6.80}$$

となり，推定誤差の共分散行列$D(t)$は，次の方程式（リカッチ型行列微分方程式）を解くことにより求められる。

$$\frac{d}{dt}D(t) = A(t)D(t) + D(t)A(t)^\mathrm{T} + B(t)Q(t)B(t)^\mathrm{T} - D(t)C(t)^\mathrm{T}R(t)^{-1}C(t)D(t) \tag{6.81}$$

これは離散時間の場合の式(6.54)と式(6.56)を結びつけたものである。

図 6.9 は，この連続時間カルマンフィルタの構成を示したものである。

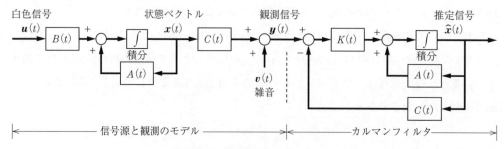

図 6.9 連続時間カルマンフィルタ

2. 非線形カルマンフィルタ

本章で紹介したカルマンフィルタは，線形的な信号源モデル，すなわち

$$状態方程式：\boldsymbol{x}(k+1) = A(k)\boldsymbol{x}(k) + B(k)\boldsymbol{u}(k) \tag{6.82}$$

$$観測方程式：\boldsymbol{y}(k) = C(k)\boldsymbol{x}(k) + \boldsymbol{v}(k) \tag{6.83}$$

を対象とした線形フィルタであった。カルマンフィルタは共分散行列に代表される二次統計量に着目することにより求められるが，そこでは暗黙のうちにガウス信号が仮定されていた。ガウス信号であれば，それを線形変換してもガウス信号となり，しかもガウス信号は一次と二次の統計量だけですべての統計的性質が記述される。

実際に，式(6.82)と式(6.83)の線形信号モデルで，そこでの信号のガウス性を仮定すれば，非線形フィルタを含めたあらゆるフィルタのうちで線形的なカルマンフィルタが最適になる。しかし一方で，例えば，係数$A(k)$，$B(k)$，$C(k)$が信号$\boldsymbol{x}(k)$に依存する下記のような非線形的な構造を持つときは，カルマンフィルタはそのままでは適用できず，もちろん最適性も約束されない。

$$\boldsymbol{x}(k+1) = A[\boldsymbol{x}(k), k] + B[\boldsymbol{x}(k), k]\boldsymbol{u}(k) \tag{6.84}$$

$$\boldsymbol{y}(k) = C[\boldsymbol{x}(k), k] + \boldsymbol{v}(k) \tag{6.85}$$

一般に，信号が非線形関数によって変換されると，出力の信号の確率分布がガウス分布ではなくなり，その特徴量を二次統計量だけで記述することができなくなってしまうからである。このようなことを考慮して，非線形信号モデルにも対応できるように，さまざまな非線形カルマンフィルタが提案されている。

その一つである**拡張カルマンフィルタ**（extended Kalman filter）では，非線形関数を局所的に線形化することによって対処している。すなわち，それぞれの時点でヤコビアン

$$\widehat{A}(k) = \left.\frac{\partial A[\boldsymbol{x}(k), k]}{\partial \boldsymbol{x}}\right|_{\boldsymbol{x}=\hat{\boldsymbol{x}}(k|k)} \qquad (\widehat{B}(k), \widehat{C}(k)についても同様) \tag{6.86}$$

を計算することによって非線形関数をその時点での推定値のまわりで線形化して，これをカルマンフィルタのアルゴリズムに適用して用いるのである。ただし，こうして計算された係数は信号依存であるので，必ずしも安定性は保証されない。また非線形を線形化するときに高次の項を無視しているので，非線形性が強いときは性能が劣化する。

単なる線形化ではなく，非線形関数によって変換された後の信号の確率分布を，統計的なサンプリングによって近似して推定する非線形カルマンフィルタも提案されている。確率分布の標準偏差に対応する**シグマポイント**（σ点）でサンプリングする**アンセンテッドカルマンフィルタ**（unscented Kalman filter），モンテカルロ法を用いて確率的にサンプリングを行う**パーティクルフィルタ**（particle filter）などがある。

124 6. カルマンフィルタ

理解度チェック

6.1 （単純マルコフ過程に対するカルマンフィルタ）

単純マルコフ過程の信号を対象として状態方程式と観測方程式が次式で与えられるものとする。

$$x(k+1) = \alpha x(k) + u(k), \qquad ただし, Q = E[u(k)^2]$$

$$y(k) = x(k) + v(k), \qquad\qquad ただし, \ R = E\ [v(k)^2]$$

Q と R はそれぞれ $u(k)$ と $v(k)$ の分散である。このとき定常状態でカルマンフィルタにおけるパラメータがどのようになるかを考えよう。

（1） $D(k|k-1)$ に相当する予測誤差の分散を P とおくと，$D(k|k)$ に相当する推定誤差の分散 D とカルマンゲイン K は次式で与えられることを示せ。ここに，P, D, K, Q, R はいずれもスカラー量で，定常状態を考えているので時間とともに変化しないものとする。

$$D = \frac{PR}{P+R}, \ \ K = \frac{P}{P+R}$$

（2） 予測誤差の分散 P は

$$P = \alpha^2 D + Q$$

で与えられ，これに上式の D を代入すると，P に関する二次方程式

$$P^2 + ((1-\alpha^2)R - Q)P - QR = 0$$

が得られることを示せ。P はこれを解くことにより求められる。

（3） 上記の解で $\alpha = 0$ とおくと，第5章で述べたスカラー値の推定問題の解と一致することを確認せよ。

6.2 （時間的に固定されたベクトル信号の複数時点観察）

時間的に固定された未知のベクトル信号 $\boldsymbol{x}$ を，長さ K（$k = 1, \ 2, \ 3, \ \cdots, \ K$）の時点で観測して推定することを考える。ただし，観測信号 $\boldsymbol{y}(k)$ には，それぞれの時点で時間的に相関がない雑音 $\boldsymbol{v}(k)$ が加わっているものとする。すなわち

$$\boldsymbol{y}(k) = \boldsymbol{x} + \boldsymbol{v}(k) \qquad (k = 1, 2, 3, \cdots, K)$$

ここに，$\boldsymbol{x}$ の共分散行列 $E[\boldsymbol{x}\boldsymbol{x}^{\mathrm{T}}]$（平均値は $\boldsymbol{0}$ とする）を Q，雑音 $\boldsymbol{v}(k)$ の共分散行列を $R(k)$ とする。この問題は，カルマンフィルタにおいて

$$A(k) = C(k) = I \quad （単位行列） \qquad (k = 1, \cdots, K)$$

$$Q(k) = O \quad （零行列） \qquad (k = 1, \cdots, K)$$

とおいたものに相当している（$\boldsymbol{u}(k)$ を考慮していないので $Q(k) = O$ となり，$B(k)$ は意味を持たない）。このとき，K 時点後の推定誤差の共分散行列が

$$D(K|K)^{-1} = Q^{-1} + \sum_{k=1}^{K} R(k)^{-1}$$

で与えられることを示せ。

7

線形予測理論と格子型フィルタ

概　要

　1時点先を予測するウィナーフィルタには美しい構造があり，線形予測理論として体系化されている。本章ではレヴィンソン・ダービンのアルゴリズムを中心にその概要を説明して，その発展形として格子型フィルタを導く。

　この線形予測理論は，自己回帰モデルを中心とする信号生成モデルの構築とも密接な関係があり，その立場からスペクトル推定や音声の分析合成にも幅広く応用されている。

7.1 信号の生成モデルと線形予測問題

信号系列が与えられたときに，**図 7.1** に示すように，その信号が生成される等価な信号源をモデル化して，このモデルに基づいて信号解析や信号処理を行うことも多い。前節で述べたカルマンフィルタは，まさにこの考え方に立っている。

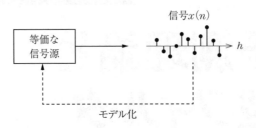

図 7.1 信号より等価な信号源をモデル化する

モデル化された信号源を，以下では信号生成モデルと呼ぶことにしよう。これは必ずしもその信号が生成された物理的な信号源そのものでなくてもよい。実際にその信号生成モデルから信号 $x(n)$ そのものが生成されなくてもよい。ここで重要なのは信号の統計的性質であって，その信号生成モデルから，$x(n)$ と同じあるいは似たような統計的性質を持つ信号が生成されればよいものとする。

信号生成モデルは，その扱いが容易であるということもあって，**図 7.2** に示すように，白色信号源と線形フィルタの組み合わせで構成することが多い。ここに線形フィルタは生成される信号のスペクトル形成フィルタとしての役割を持つ。実際に，図において，白色信号源出力 $u(n)$ の電力スペクトル密度（片側）を N_0，スペクトル形成をする線形フィルタの伝達関数を $G(f)$ とすると，出力 $x(n)$ の電力スペクトル密度は

$$\Phi_x(f) = |G(f)|^2 N_0 \qquad (7.1)$$

で与えられる（3.4 節参照）。したがって，信号生成モデルが与えられれば，信号の電力スペクトル密度 $\Phi_x(f)$ が計算できて，問題は，信号 $x(n)$ から同じ統計的性質を持つ信号生成モ

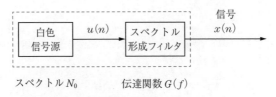

図 7.2 線形的な信号生成モデル

デルをいかに構成するかに帰着される。

線形的な信号生成モデルとしてもっとも簡単な構成は，次の自己回帰モデルである。

$$x(n) = \sum_{k=1}^{m} \alpha_k x(n-k) + u(n) \tag{7.2}$$

(式(6.2)とは時点の表記法が異なっていることに注意)

図7.3はこれを回路の形で示したものである。このような自己回帰モデルを仮定すると，信号生成モデルを構成する問題は，フィルタ係数 α_k ($k=1, 2, \cdots, m$) を求めることに帰着される。このフィルタ係数は**自己回帰パラメータ**（autoregressive parameter）と呼ばれる。

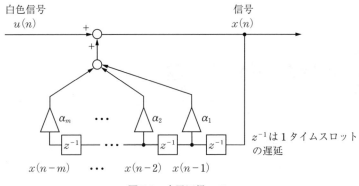

図7.3 自己回帰モデル

これは，本章で詳しく説明する線形予測問題と密接な関係がある。それは式(7.2)の自己回帰モデルそのものが，言葉で説明すると次のような構造を持つからである。

> 自己回帰モデルにおいて，n 時点の信号値 $x(n)$ は，m 時点前までの過去の信号値 $x(n-k)$ ($k=1, 2, \cdots, m$) に依存してそこから予測される成分と，それとは無関係に n 時点において新たに付加される白色信号 $u(n)$ の和で与えられる。

これは，**自己回帰パラメータ α_k が，過去の信号値から現時点の信号値 $x(n)$ を予測するときの予測係数にほかならない**ことを意味している。**図7.4** に，信号 $x(n)$ が与えられたときに，過去の信号値からこれを予測して，その予測誤差を求める回路構成を示す。予測誤差は，m が十分長いときは白色信号になる。

図7.3 の自己回帰モデルと図7.4 の予測誤差抽出回路は，たがいに逆フィルタになっている。このことは，予測問題が解けて予測誤差抽出回路が構成できれば，この逆フィルタとして自己回帰モデルが構成できることを意味している。すなわち自己回帰モデルの構成問題は線形予測問題に帰着されるのである。

線形予測問題は，第 5 章で述べたウィナーフィルタの特殊な場合であるけれども，独自の美しい理論体系を持っている。次節以降でこれを説明しよう。

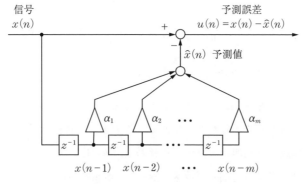

図 7.4 予測誤差抽出回路

7.2 m 次線形予測問題

m 時点前からの過去の信号値 $x(n-1), x(n-2), \cdots, x(n-m)$ に基づいて，その線形結合によって現在の信号値 $x(n)$ を予測する問題を，m 次線形予測問題という。これは次のように定式化される。

問題 7.1（m 次線形予測問題）

$x(n)$ の予測値を $\hat{x}(n)$ とおいて，次のように表現する。

$$\hat{x}(n) = \sum_{k=1}^{m} \alpha_k^{(m)} x(n-k) \tag{7.3}$$

ここに，$\alpha_k^{(m)}$ $(k=1, 2, \cdots, m)$ は m 次線形予測係数である。この線形予測係数を，予測誤差の二乗平均値

$$P_m = E[(x(n) - \hat{x}(n))^2] \tag{7.4}$$

が最小になるように決定せよ。

P_m を最小にするには，これを係数 $\alpha_l^{(m)}$ $(l=1, 2, \cdots, m)$ で偏微分して，その値を 0 とおけばよい。すなわち，式(7.4)に式(7.3)を代入すると

$$P_m = E\left[\left(x(n) - \sum_{k=1}^{m} \alpha_k^{(m)} x(n-k)\right)^2\right] \tag{7.5}$$

であるから，$\partial P_m / \partial \alpha_l^{(m)} = 0$ $(l=1, 2, \cdots, m)$ を計算すると

$$\frac{\partial P_m}{\partial \alpha_l^{(m)}} = E\Big[2\Big(x(n) - \sum_{k=1}^{m} \alpha_k^{(m)} x(n-k)\Big)\Big(-x(n-l)\Big)\Big]$$

$$= 2\sum_{k=1}^{m} \alpha_k^{(m)} E[x(n-k)x(n-l)] - 2E[x(n)x(n-l)] = 0 \qquad (7.6)$$

を得る。したがって，信号 $x(n)$ の自己相関関数を

$$\varphi(l) = \varphi(-l) = E[x(n)x(n-l)] \qquad (7.7)$$

とおけば[†]，式(7.6)は次のようになる。

$$\sum_{k=1}^{m} \alpha_k^{(m)} \varphi(k-l) = \varphi(l) \qquad (l=1, 2, \cdots, m) \qquad (7.8)$$

あるいは行列の形で表現すると

$$\begin{bmatrix} \varphi(0) & \varphi(1) & \cdots & \varphi(m-1) \\ \varphi(1) & \varphi(0) & \ddots & \vdots \\ \vdots & \ddots & \ddots & \varphi(1) \\ \varphi(m-1) & \cdots & \varphi(1) & \varphi(0) \end{bmatrix} \begin{bmatrix} \alpha_1^{(m)} \\ \alpha_2^{(m)} \\ \vdots \\ \alpha_m^{(m)} \end{bmatrix} = \begin{bmatrix} \varphi(1) \\ \varphi(2) \\ \vdots \\ \varphi(m) \end{bmatrix} \qquad (7.9)$$

最適な線形予測係数 $\alpha_k^{(m)}$ $(k=1, 2, \cdots, m)$ は，この方程式の解として求められる。これを m 次の**ユール・ウォーカー方程式**（Yule–Walker equation）という。これは 5.3 節の 4. 項で述べたように，ウィナー・ホッフ方程式の特別な場合である。これは連立一次方程式であるから，係数行列が正則であれば解くことができる。

　一方，式(7.8)が成り立つとき，式(7.4)の予測誤差電力の最小値は，次のように表現される。すなわち

$$P_m = E\Big[\Big(x(n) - \sum_{k=1}^{m} \alpha_k^{(m)} x(n-k)\Big)\Big(x(n) - \sum_{l=1}^{m} \alpha_l^{(m)} x(n-l)\Big)\Big] \qquad (7.10)$$

であるから，これを展開すると

$$P_m = E\Big[\Big(x(n) - \sum_{k=1}^{m} \alpha_k^{(m)} x(n-k)\Big)x(n)\Big]$$

$$- \sum_{l=1}^{m} \alpha_l^{(m)} E\Big[\Big(x(n) - \sum_{k=1}^{m} \alpha_k^{(m)} x(n-k)\Big)x(n-l)\Big] \qquad (7.11)$$

ここに，第 2 項の期待値は式(7.6)より 0 に等しい。したがって第 1 項のみが残って

$$P_m = E[x(n)^2] - \sum_{k=1}^{m} \alpha_k^{(m)} E[x(n-k)x(n)] = \varphi(0) - \sum_{k=1}^{m} \alpha_k^{(m)} \varphi(k) \qquad (7.12)$$

となる。ここに，$\alpha_k^{(m)}$ はユール・ウォーカー方程式の解として与えられる最適な線形予測係

[†] 本章では，自己相関関数の記号として，x を省略して $\varphi(l)$ と記すことにする。

130   7. 線形予測理論と格子型フィルタ

数である。

こうして次の定理が得られた。

定理 7.1 （ユール・ウォーカー方程式と予測誤差電力）

最適な m 次線形予測係数 $\alpha_k{}^{(m)}$ $(k=1, 2, \cdots, m)$ はユール・ウォーカー方程式

$$\sum_{k=1}^{m} \alpha_k{}^{(m)} \varphi(k-l) = \varphi(l) \qquad (l=1, 2, \cdots, m) \tag{7.13}$$

をみたし，そのときの予測誤差電力 P_m は

$$P_m = \varphi(0) - \sum_{k=1}^{m} \alpha_k{}^{(m)} \varphi(k) \tag{7.14}$$

で与えられる。ここに $\varphi(l)$ は信号 $x(n)$ の自己相関関数である。

7.3 レヴィンソン・ダービンのアルゴリズム

ユール・ウォーカー方程式は m 次連立一次方程式であるけれども，その係数行列には規則的な構造がある。すなわち式(7.9)からわかるように，係数行列の (i, j) 要素は，対角線からの距離のみに依存して

$$\varphi(i-j) = \varphi(j-i) \tag{7.15}$$

と表される。この形の行列はテプリッツ行列 （Toeplitz matrix） と呼ばれている。テプリッツ行列に対しては，行列の規則性を利用した高速計算アルゴリズムがいくつか知られている。次に述べる**レヴィンソン・ダービン** （Levinson–Durbin） **のアルゴリズム**はその一つである。

レヴィンソン・ダービンのアルゴリズムでは，m 次の解を直接計算せずに，次数が小さいときの解から $m=1, 2, \cdots$ の順に漸化的に計算する。この漸化関係を与えるものが，次の定理である。

定理 7.2 （レヴィンソン・ダービンのアルゴリズム）

ユール・ウォーカー方程式において，$m-1$ 次の解 $\alpha_k{}^{(m-1)}$ $(k=1, 2, \cdots, m-1)$ と P_{m-1} がすでに計算できていれば，これに加えて $\alpha_m{}^{(m)}$ の値のみが求められれば，ほかの m 次線形予測係数 $\alpha_k{}^{(m)}$ $(k=1, 2, \cdots, m-1)$ と P_m は次の漸化式によって計算できる。

$$\alpha_k{}^{(m)} = \alpha_k{}^{(m-1)} - \alpha_m{}^{(m)}\alpha_{m-k}{}^{(m-1)} \qquad (k = 1, 2, \cdots, m-1) \tag{7.16}$$

$$P_m = \{1 - (\alpha_m{}^{(m)})^2\}P_{m-1} \tag{7.17}$$

ただし，初期値として $P_0 = \varphi(0) = E[x(n)^2]$ とおくものとする。

具体的には次のように順に計算すればよい。

$m = 1$ のときは，$\alpha_1{}^{(1)}$ が求められれば

$$P_1 = \{1 - (\alpha_1{}^{(1)})^2\}P_0 = \{1 - (\alpha_1{}^{(1)})^2\}E[x(n)^2]$$

$m = 2$ のときは，新たに $\alpha_2{}^{(2)}$ が求められれば

$$\alpha_1{}^{(2)} = \alpha_1{}^{(1)} - \alpha_2{}^{(2)}\alpha_1{}^{(1)}$$

$$P_2 = \{1 - (\alpha_2{}^{(2)})^2\}P_1$$

$m = 3$ のときは，新たに $\alpha_3{}^{(3)}$ が求められれば

$$\alpha_1{}^{(3)} = \alpha_1{}^{(2)} - \alpha_3{}^{(3)}\alpha_2{}^{(2)}$$

$$\alpha_2{}^{(3)} = \alpha_2{}^{(2)} - \alpha_3{}^{(3)}\alpha_1{}^{(2)}$$

$$P_3 = \{1 - (\alpha_3{}^{(3)})^2\}P_2$$

以下，同様である。$\alpha_m{}^{(m)}$ の求め方については後に述べる。

【定理 7.2 の証明】 少し長くなるけれども，定理 7.2 は次のようにして証明される。まず式(7.16)の係数の関係式を証明する。証明の基本的な考え方は m 次と $m-1$ 次のユール・ウォーカー方程式を比較して，その係数の間の関係を調べることである。

まず，m 次のユール・ウォーカー方程式(7.13)の左辺の m 項目だけを右辺に移すと

$$\sum_{k=1}^{m-1} \alpha_k{}^{(m)}\varphi(k-l) = \varphi(l) - \alpha_m{}^{(m)}\varphi(m-l) \qquad (l = 1, 2, \cdots, m) \tag{7.18}$$

一方，$m-1$ 次のユール・ウォーカー方程式は

$$\sum_{k=1}^{m-1} \alpha_k{}^{(m-1)}\varphi(k-l) = \varphi(l) \qquad (l = 1, 2, \cdots, m-1) \tag{7.19}$$

で与えられる。これは，$l \to m-l$，$k \to m-k$ となる変数変換を行い，かつ $\varphi(l-k) = \varphi(k-l)$ を考慮すると

$$\sum_{k=1}^{m-1} \alpha_{m-k}{}^{(m-1)}\varphi(k-l) = \varphi(m-l) \qquad (l = 1, 2, \cdots, m-1) \tag{7.20}$$

と等価である。

したがって，この $m-1$ 次のときの式(7.19)と式(7.20)を m 次の式(7.18)の右辺に代入すると

$$\sum_{k=1}^{m-1} \alpha_k^{(m)} \varphi(k-l) = \sum_{k=1}^{m-1} \alpha_k^{(m-1)} \varphi(k-l) - \alpha_m^{(m)} \sum_{k=1}^{m-1} \alpha_{m-k}^{(m-1)} \varphi(k-l) \tag{7.21}$$

すなわち

$$\sum_{k=1}^{m-1} \{\alpha_k^{(m)} - (\alpha_k^{(m-1)} - \alpha_m^{(m)} \alpha_{m-k}^{(m-1)})\} \varphi(k-l) = 0 \qquad (l=1, 2, \cdots, m-1)$$

$$\tag{7.22}$$

が得られる。この式が任意の $\varphi(k-l)$ に対して成立するためには $\{\cdot\}$ 内が 0 でなければならない。これは式(7.16)にほかならない。

次に予測誤差電力に関する式(7.17)を証明する。

m 次の予測誤差 P_m は

$$P_m = \varphi(0) - \sum_{k=1}^{m} \alpha_k^{(m)} \varphi(k) \tag{7.14}'$$

であるから，これに式(7.16)を代入して総和の m 項目だけを取り出すと

$$P_m = \varphi(0) - \sum_{k=1}^{m-1} (\alpha_k^{(m-1)} - \alpha_m^{(m)} \alpha_{m-k}^{(m-1)}) \varphi(k) - \alpha_m^{(m)} \varphi(m)$$

$$= \left(\varphi(0) - \sum_{k=1}^{m-1} \alpha_k^{(m-1)} \varphi(k)\right) - \alpha_m^{(m)} \left(\varphi(m) - \sum_{k=1}^{m-1} \alpha_{m-k}^{(m-1)} \varphi(k)\right) \tag{7.23}$$

ここに第 1 項は

$$P_{m-1} = \varphi(0) - \sum_{k=1}^{m-1} \alpha_k^{(m-1)} \varphi(k) \tag{7.24}$$

すなわち $m-1$ 次の予測誤差にほかならない。一方の第 2 項の $(\cdot)$ 内を

$$\varDelta_{m-1} = \varphi(m) - \sum_{k=1}^{m-1} \alpha_{m-k}^{(m-1)} \varphi(k) \tag{7.25}$$

とおくと，式(7.23)は

$$P_m = P_{m-1} - \alpha_m^{(m)} \varDelta_{m-1} \tag{7.26}$$

となる。

次の問題は $\varDelta_{m-1}$ の表現である。まずは式(7.25)の右辺の第 1 項の $\varphi(m)$ に関して，ユール・ウォーカー方程式(7.13)において $l=m$ とおき，さらには $k \to m-k$ と変数変換を行うことによって次のような表現が得られる。

$$\varphi(m) = \sum_{k=1}^{m} \alpha_k^{(m)} \varphi(k-m) = \alpha_m^{(m)} \varphi(0) + \sum_{k=1}^{m-1} \alpha_k^{(m)} \varphi(k-m)$$

$$= \alpha_m^{(m)} \varphi(0) + \sum_{k=1}^{m-1} \alpha_{m-k}^{(m)} \varphi(k) \tag{7.27}$$

したがって，これを式(7.25)に代入して整理すると

$$\Delta_{m-1} = \alpha_m^{(m)} \varphi(0) + \sum_{k=1}^{m-1} (\alpha_{m-k}^{(m)} - \alpha_{m-k}^{(m-1)}) \varphi(k) \tag{7.28}$$

となる．さらに第2項の(・)内に係数の関係式(7.16)($k \rightarrow m-k$とする）を適用すると

$$\Delta_{m-1} = \alpha_m^{(m)} \left(\varphi(0) - \sum_{k=1}^{m-1} \alpha_k^{(m-1)} \varphi(k) \right) = \alpha_m^{(m)} P_{m-1} \tag{7.29}$$

となることが示される．ゆえにこれを式(7.26)に代入することによって

$$P_m = P_{m-1} - \alpha_m^{(m)} \Delta_{m-1} = \{1 - (\alpha_m^{(m)})^2\} P_{m-1} \tag{7.30}$$

こうして式(7.17)が証明された． (証明終わり)

残された問題は，$\alpha_m^{(m)}$ を求めることである．これには後で述べるようにいくつかの方法があるが，ここではまず上記の証明プロセスから直接導かれるアルゴリズムを示しておく．すなわち，上記の証明の途中に現れる式(7.29)に注目すると

$$\Delta_{m-1} = \alpha_m^{(m)} P_{m-1} \tag{7.31}$$

ただし

$$\Delta_{m-1} = \varphi(m) - \sum_{k=1}^{m-1} \alpha_{m-k}^{(m-1)} \varphi(k) \tag{7.25}'$$

であるから，これより関係式

$$\alpha_m^{(m)} = \frac{\Delta_{m-1}}{P_{m-1}} = \frac{\varphi(m) - \sum_{k=1}^{m-1} \alpha_{m-k}^{(m-1)} \varphi(k)}{P_{m-1}} \tag{7.32}$$

を得る．ここに，$\alpha_{m-k}^{(m-1)}$ ($k=1, \cdots, m-1$) と P_{m-1} はすでに計算されている $m-1$ 次のパ

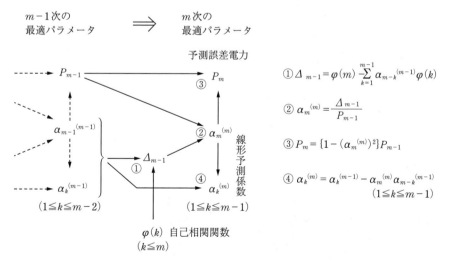

図 **7.5** ユール・ウォーカーアルゴリズム

134   7. 線形予測理論と格子型フィルタ

ラメータである。したがって，これに加えて自己相関関数$\varphi(k)$（$k=1, 2, \cdots, m$）が別に計算されていれば，これを式(7.32)に代入することにより$\alpha_m{}^{(m)}$を求めることができる。

こうして，定理 7.2 と式(7.32)を組み合わせることにより，ユール・ウォーカー方程式の解を漸化的に求めるアルゴリズムが完成した。**図 7.5** にこれを示す。これを**ユール・ウォーカーアルゴリズム**と呼ぶことがある。

7.4 格子型アルゴリズム

前章で述べたアルゴリズムは，自己相関関数$\varphi(k)$が正しく与えられていることが前提であった。しかし実際には，この自己相関関数も与えられた信号から推定される量であるから，そこには必ず推定誤差がある。特に信号の長さが制限されているときは，この推定誤差の影響が無視できなくなる。

線形予測係数は，本来予測誤差が最小になるように決定すべきものであった。そこで本節では，自己相関関数を介さないで，直接的に予測誤差が最小になるように線形予測係数を決定することを考えてみよう。ただし，定理 7.2 の漸化式はここでも成立するものとし，$\alpha_m{}^{(m)}$の決定問題だけを扱うものとする。

1. 前向き予測誤差と後向き予測誤差

まず，$\alpha_m{}^{(m)}$を最適化するための準備として，予測誤差に関する漸化式を導いておこう。そのために，次の二通りの予測誤差信号を定義する。

定義 7.1（前向き予測誤差信号と後向き予測誤差信号）

・m 次前向き予測誤差信号

$$f^{(m)}(n) = x(n) - \alpha_1{}^{(m)}x(n-1) - \cdots - \alpha_m{}^{(m)}x(n-m)$$

$$= x(n) - \sum_{k=1}^{m} \alpha_k{}^{(m)}x(n-k) \tag{7.33}$$

・m 次後向き予測誤差信号

$$b^{(m)}(n) = x(n-m) - \alpha_1{}^{(m)}x(n-m+1) - \cdots - \alpha_m{}^{(m)}x(n)$$

$$= x(n-m) - \sum_{k=1}^{m} \alpha_k{}^{(m)}x(n-m+k) \tag{7.34}$$

これを図 7.6 に示す。図（a）の前向き予測誤差信号 $f^{(m)}(n)$ は，これまで扱ってきた予測誤差信号 $u(n)$ そのものである。これに対して，後向き予測誤差信号 $b^{(m)}(n)$ は，信号の時間的な向き（生起順序）を逆転したときの予測誤差信号で，図（b）に示すように，いわば未来の信号から現在の信号を逆向きに予測したときの誤差信号である。

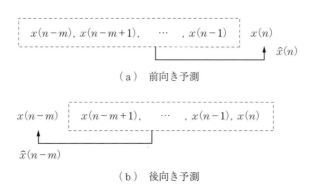

図 7.6　前向き予測と後向き予測

もともと線形予測係数は定理 7.1 のユール・ウォーカー方程式の解として求められ，自己相関関数のみによって決定される。その自己相関関数は時間に関して偶関数であるから，信号を逆向きにしても変わらない。このことは，前向き予測も後向き予測もその予測係数は同じであることを意味している。定義 7.1 で，予測係数が共通になっているのはそのためである。

ここで読者は，このような後向き予測誤差信号がなぜ必要になるのか，疑問に思うかもしれない。しかし，予測誤差信号の漸化関係を表現するうえで，これは本質的な役割を果たすのである。まずは結論を定理の形でまとめておこう。

定理 7.3（予測誤差信号の漸化関係）

線形予測係数 $\alpha_k^{(m)}$ $(k=1,2,\cdots,m)$ に関して，定理 7.2 の式(7.16)の関係が成り立つものとする。このとき，n 時点の m 次前向き予測誤差信号 $f^{(m)}(n)$ と m 次後向き予測誤差信号 $b^{(m)}(n)$ に関して，次の漸化式が成り立つ。

$$f^{(m)}(n) = f^{(m-1)}(n) - \alpha_m^{(m)} b^{(m-1)}(n-1) \tag{7.35}$$

$$b^{(m)}(n) = b^{(m-1)}(n-1) - \alpha_m^{(m)} f^{(m-1)}(n) \tag{7.36}$$

ここに初期条件は，予測をしない場合の信号値

$$f^{(0)}(n) = b^{(0)}(n) = x(n) \tag{7.37}$$

である。

式(7.35)と式(7.36)は，n 時点の m 次前向きおよび後向き予測誤差信号 $f^{(m)}(n)$，$b^{(m)}(n)$

が，n 時点の $m-1$ 次前向き予測誤差信号 $f^{(m-1)}(n)$ と $n-1$ 時点の $m-1$ 次後向き予測誤差信号 $b^{(m-1)}(n-1)$ の組み合わせで決定できることを意味している。この組み合わせに用いられる係数が $\alpha_m^{(m)}$ である。

【定理 7.3 の証明】 定理 7.3 は，予測誤差信号を与える式(7.33)と式(7.34)に，定理 7.2 の式(7.16)，すなわち

$$\alpha_k^{(m)} = \alpha_k^{(m-1)} - \alpha_m^{(m)}\alpha_{m-k}^{(m-1)} \qquad (k=1, 2, \cdots, m-1) \tag{7.38}$$

を代入することにより証明される。

まず式(7.33)に代入すると

$$f^{(m)}(n) = x(n) - \sum_{k=1}^{m} \alpha_k^{(m)} x(n-k)$$

$$= x(n) - \sum_{k=1}^{m-1} (\alpha_k^{(m-1)} - \alpha_m^{(m)}\alpha_{m-k}^{(m-1)}) x(n-k) - \alpha_m^{(m)} x(n-m)$$

$$= \left(x(n) - \sum_{k=1}^{m-1} \alpha_k^{(m-1)} x(n-k)\right) - \alpha_m^{(m)}\left(x(n-m) - \sum_{k=1}^{m-1} \alpha_{m-k}^{(m-1)} x(n-k)\right) \tag{7.39}$$

この第 1 項の $(\cdot)$ 内は $f^{(m-1)}(n)$ にほかならない。一方，第 2 項の $(\cdot)$ 内は，$m-k \rightarrow k$ と変数変換すると

$$x((n-1)-(m-1)) - \sum_{k=1}^{m-1} \alpha_k^{(m-1)} x((n-1)-(m-1)+k) = b^{(m-1)}(n-1) \tag{7.40}$$

すなわち，$n-1$ 時点の $m-1$ 次後向き予測誤差信号となる。ゆえに

$$f^{(m)}(n) = f^{(m-1)}(n) - \alpha_m^{(m)} b^{(m-1)}(n-1) \tag{7.41}$$

後向き予測誤差信号 $b^{(m)}(n)$ についても同様にして証明される。 （証明終わり）

2. 格子型フィルタ

式(7.33)と式(7.34)の漸化関係は回路的に**図 7.7** のように表現すると理解しやすい。また，これを基本単位にして，漸化式に従って $m=1, 2, \cdots$ の順に縦続に接続すると**図 7.8** の回路が得られる。

図 7.8 では，たすきがけ部分の乗算係数 $\alpha_1^{(1)}$，$\alpha_2^{(2)}$，$\cdots$，$\alpha_m^{(m)}$ が重要な役割を果たしている。これを用いて，1，2，$\cdots$，m 次の予測誤差信号を中間段階で次々と計算している。すなわち，図 7.8 はそれぞれの段階で予測誤差信号を出力とするフィルタである。これは**格子型フィルタ**（lattice filter）と呼ばれている。

格子型フィルタは予測誤差抽出フィルタとして構成されており，その入力は信号 $x(n)$，

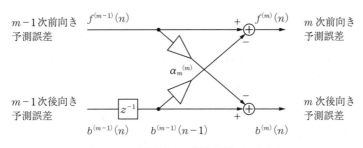

図 7.7 予測誤差信号の漸化関係の回路表現

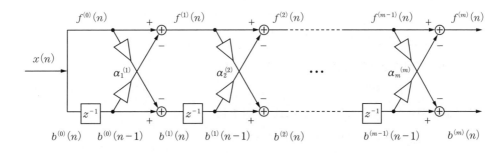

$f^{(m)}(n)$：m 次前向き予測を行ったときの n 時点の予測誤差信号値
$b^{(m)}(n)$：m 次後向き予測を行ったときの n 時点の予測誤差信号値

図 7.8 格子型予測誤差抽出フィルタ

出力は前向き予測誤差信号 $f^{(m)}(n)$，すなわち図 7.4 における $u(n)$ である．これを信号生成モデルとするときは，$u(n)=f^{(m)}(n)$ を入力，信号 $x(n)$ を出力とするフィルタ，すなわち，図 7.8 の逆フィルタとして構成する必要がある．これは，**図 7.9** のような構成で与えられる．

この構成は，入出力で見る限り，図 7.3 の自己回帰モデルと等価なモデルであるが係数が異なっている．すなわち，自己回帰モデルでは m 個の予測係数 $\alpha_1^{(m)}$, $\alpha_2^{(m)}$, $\cdots$, $\alpha_m^{(m)}$ がフィルタ係数であったのに対して，格子型モデルでは，m 個の $\alpha_1^{(1)}$, $\alpha_2^{(2)}$, $\cdots$, $\alpha_m^{(m)}$ が係数と

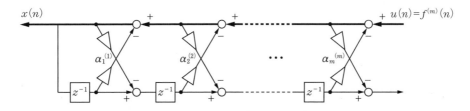

$u(n)$ が入力，$x(n)$ が出力であり，太線部分の信号が
右から左へ流れていることに注意する．

図 7.9 格子型信号生成モデル

なっている。

なお，図 7.9 の格子型構成は，太さが一様でない音響管や分布定数線路のモデルともなっていることが知られている。そこでは $\alpha_m^{(m)}$ が反射係数になっていることから，格子型モデルの $\alpha_m^{(m)}$ は**反射係数**（reflection coefficients）と呼ばれている。

3. 反射係数の決定

これまで述べたように格子型アルゴリズムでは反射係数 $\alpha_m^{(m)}$ が重要な役割を果たしている。この反射係数は予測誤差信号の大きさが最小になるように決定される。しかし，予測誤差信号には前向きと後向きの二通りあり，何を評価関数とするかによって，さまざまな決定アルゴリズムが導かれる。

（1）　m 次前向き予測誤差信号 $f^{(m)}(n)$ の二乗平均値

$$F_m = E[(f^{(m)}(n))^2] \tag{7.42}$$

を評価関数とする場合は，これに式 (7.35) を代入すると

$$F_m = E[(f^{(m-1)}(n) - \alpha_m^{(m)} b^{(m-1)}(n-1))^2] \tag{7.43}$$

であるから，$\alpha_m^{(m)}$ で偏微分して

$$\frac{\partial F_m}{\partial \alpha_m^{(m)}} = 2E[(f^{(m-1)}(n) - \alpha_m^{(m)} b^{(m-1)}(n-1))(-b^{(m-1)}(n-1))]$$

$$= -2E[f^{(m-1)}(n) \cdot b^{(m-1)}(n-1)] + 2\alpha_m^{(m)} E[(b^{(m-1)}(n-1))^2]$$

$$= 0 \tag{7.44}$$

が最適性の条件となる。したがって，このときの最適な $\alpha_m^{(m)}$ は

$$\alpha_m^{(m)}(\text{forward}) = \frac{E[f^{(m-1)}(n) \cdot b^{(m-1)}(n-1)]}{E[(b^{(m-1)}(n-1))^2]} \tag{7.45}$$

で与えられる。分母は $m-1$ 次後向き予測誤差電力，分子は $f^{(m-1)}(n)$ と $b^{(m-1)}(n-1)$ の相関である。

（2）　m 次後向き予測誤差信号 $b^{(m)}(n)$ の二乗平均値

$$B_m = E[(b^{(m)}(n))^2] \tag{7.46}$$

を評価関数とする場合は，（1）と同様にして

$$\alpha_m^{(m)}(\text{backward}) = \frac{E[f^{(m-1)}(n) \cdot b^{(m-1)}(n-1)]}{E[(f^{(m-1)}(n))^2]} \tag{7.47}$$

が最適な反射係数となる。

（3）　バーグ（Burg）は，F_m と B_m の和が最小になるように $\alpha_m^{(m)}$ を決定することを提案した。この場合は

$$F_m + B_m = E[(f^{(m-1)}(n) - \alpha_m^{(m)} b^{(m-1)}(n-1))^2]$$
$$+ E[(b^{(m-1)}(n-1) - \alpha_m^{(m)} f^{(m-1)}(n))] \tag{7.48}$$

となるから，これを $\alpha_m^{(m)}$ で偏微分して 0 とおくことにより，最適な $\alpha_m^{(m)}$ が次のようになることが示される。

$$\alpha_m^{(m)}(\mathrm{Burg}) = \frac{2E[f^{(m-1)}(n) \cdot b^{(m-1)}(n-1)]}{E[(f^{(m-1)}(n))^2] + E[(b^{(m-1)}(n-1))^2]} \tag{7.49}$$

これは逆数をとると，次のようにも表現される。

$$\frac{1}{\alpha_m^{(m)}(\mathrm{Burg})} = \frac{1}{2}\left[\frac{1}{\alpha_m^{(m)}(\mathrm{forward})} + \frac{1}{\alpha_m^{(m)}(\mathrm{backward})}\right] \tag{7.50}$$

すなわち，$\alpha_m^{(m)}(\mathrm{Burg})$ は，$\alpha_m^{m}(\mathrm{forward})$ と $\alpha_m^{(m)}(\mathrm{backward})$ の調和平均に等しい。

（４） 板倉は，$f^{(m-1)}(n)$ と $b^{(m-1)}(n-1)$ の間の正規化された相関係数を $\alpha_m^{(m)}$ とすることを提案した。すなわち

$$\alpha_m^{(m)}(\text{板倉}) = \frac{E[f^{(m-1)}(n) \cdot b^{(m-1)}(n-1)]}{\sqrt{E[(f^{(m-1)}(n))^2] \cdot E[(b^{(m-1)}(n-1))^2]}} \tag{7.51}$$

これは $\alpha_m^{(m)}(\mathrm{forward})$ と $\alpha_m^{(m)}(\mathrm{backward})$ の幾何平均にほかならない。すなわち

$$\alpha_m^{(m)}(\text{板倉}) = s\sqrt{|\alpha_m^{(m)}(\mathrm{forward})| \cdot |\alpha_m^{(m)}(\mathrm{backward})|} \tag{7.52}$$

ただし，s は $\alpha_m^{(m)}(\mathrm{forward})$ と $\alpha_m^{(m)}(\mathrm{backward})$ の符号をとるものとする。

　この $\alpha_m^{(m)}(\text{板倉})$ は，信号 $x(n)$ において前向きと後向きから予測できる成分をそれぞれ除いた予測誤差信号の間の相関係数であり，その意味で $\alpha_m^{(m)}$ を**偏自己相関係数**(partial autocorrelation coefficients)，略して **PARCOR 係数**と呼ぶこともある。

　こうしてさまざまな反射係数 $\alpha_m^{(m)}$ の決定法が提案されているが，信号が定常でしかも平均回数を多くとればいずれも同じ値になる。信号の長さが有限のときはそれぞれに若干の差が生じるが，目的に応じて $\alpha_m^{(m)}(\mathrm{Burg})$ と $\alpha_m^{(m)}(\text{板倉})$ を用いることが多い。

7.5 信号生成モデルの構成

1. 信号生成モデルの構成（まとめ）

本章の目的は，信号 $x(n)$ が与えられたときに，その生成モデルを構築することであった。そのとき線形予測理論が有力な手法となることを説明してきた。

ここでその概要をまとめておこう。

（1） 信号の線形的な生成モデルとしてもっとも簡単な構成は自己回帰モデルである。

（2） 自己回帰モデルの係数は，m 次線形予測係数として求められる。

（3） 最適な m 次線形予測係数は，ユール・ウォーカー方程式をみたす。

（4） ユール・ウォーカー方程式の解法として，レヴィンソン・ダービンのアルゴリズムがあり，これを用いると低次の予測係数を用いて漸化的に高次の予測係数を求めることができる。

（5） さらに前向き予測と後向き予測を考えることによって，格子型アルゴリズムが導かれる。これを回路として実現した格子型フィルタでは，線形予測係数ではなく，反射係数をフィルタのパラメータとしており，その値を決定する方法も提案されている。

このようにして自己回帰モデルに基づく信号生成モデルが構成される。この信号生成モデルを，図 7.3 に示した回路で実現するときは，線形予測係数 $\alpha_1{}^{(m)}$，$\alpha_2{}^{(m)}$，$\cdots$，$\alpha_m{}^{(m)}$ がそのまま回路の係数となる。この係数は上記（3）のユール・ウォーカー方程式を直接解いても求まるが，（4）のレヴィンソン・ダービンのアルゴリズムを用いると格段に計算量が少なくなる。

さらに，これに（5）の格子型アルゴリズムを適用すると，回路は図 7.9 の格子型フィルタで実現される。そこでは線形予測係数に代わって，反射係数 $\alpha_1{}^{(1)}$，$\alpha_2{}^{(2)}$，$\cdots$，$\alpha_m{}^{(m)}$ がフィルタの係数となっている。

この格子型アルゴリズムの特徴は，信号の自己相関関数をあらかじめ求めておく必要がないことである。前節で説明したように，前向きと後向きの予測誤差信号の相関によって反射係数 $\alpha_l{}^{(l)}$ が直接求められ，これがそのままフィルタの係数となるからである。

2. 信号生成モデルの安定性

さらに格子型アルゴリズムは，信号生成モデルの安定性を確認しながら構成できるという意味でも優れている。

7.5 信号生成モデルの構成

図7.3と図7.9の構成の信号生成モデルは回路にフィードバックがあるため，モデルの安定性が問題になる。フィードバック回路に信号が無限に循環して，発散してしまうこともあるからである。

格子型アルゴリズムでは，反射係数を逐次計算する。この反射係数とモデルの安定性の間に次のような関係があることが知られている。

定理 7.4（信号生成モデルの安定性）

　格子型アルゴリズムにおいて，反射係数が

$$|\alpha_l^{(l)}| < 1 \qquad (l = 1, 2, \cdots, m) \tag{7.53}$$

であれば，これより導かれる信号生成モデルは安定である。

直観的にはこれは次のように説明される。図7.9を見ると，格子型フィルタには局所的にフィードバックが多数あるが，信号がフィードバックされるときの係数は$\alpha_l^{(l)}$で，その絶対値が1よりも小さければ，そのフィードバック回路は発散することはない。実際に，前節で説明した$\alpha_m^{(m)}$（Burg）と$\alpha_m^{(m)}$（板倉）は必ずこの条件をみたしている。これは実際面において極めて重要であり，このことからも格子型アルゴリズムが優れていることがわかる。

なお，式(7.53)が成り立つときは，定理7.2のレヴィンソン・ダービンのアルゴリズムにおける式(7.17)，すなわち

$$P_m = \{1 - (\alpha_m^{(m)})^2\} P_{m-1} \tag{7.54}$$

より，予測誤差電力は必ず

$$P_l > 0 \qquad (l = 1, 2, \cdots, m) \tag{7.55}$$

となることがわかる。逆に式(7.55)が成り立つためには，定理7.4が成り立つことが必要である。

3. 信号生成モデルの次数の決定

次の問題は，自己回帰モデルあるいは格子型フィルタの次数mをいかに選ぶかである。線形予測係数は予測誤差電力P_mが最小になるように決定される。P_mは一般にmに関して単調に減少するから，その立場からmは大きいほうがよい。

しかし実際にはそう単純ではない。有限長の信号データから線形予測係数を推定しようとすると，必ず推定誤差がつきまとうからである。その影響は，次数mとともに大きくなる。したがって次数mには最適値が存在する。

この最適な次数を決定するためにさまざまな評価規準が提案されている。

（1） AIC 規準（an information criterion, Akaike's information criterion）

赤池が情報理論的な考察から導いたもので

$$AIC(m) = N \ln P_m + 2m \tag{7.56}$$

を最小にする m を最適な次数とする。ここに N は与えられた信号のデータ長である。

（2） FPE 規準（final prediction error criterion）

これも赤池によって提案されたもので

$$FPE(m) = \frac{N + (m+1)}{N - (m+1)} P_m \tag{7.57}$$

を最小にする m を次数とする。これはデータ長が大きくなると

$$FPE(m) = \frac{1 + \dfrac{m+1}{N}}{1 - \dfrac{m+1}{N}} P_m \cong \left(1 + \frac{m+1}{N}\right)^2 P_m$$

$$\cong \left(1 + 2\frac{m}{N}\right) P_m \qquad (N \gg 1, m \gg 1) \tag{7.58}$$

であるから，$\ln(1+\varepsilon) \cong \varepsilon$ の関係を用いると

$$\ln FPE(m) \cong \ln P_m + \frac{2m}{N} = \frac{1}{N} AIC(m) \tag{7.59}$$

すなわち，定数倍を除いて AIC 規準に一致する。

（3） CAT 規準（criterion autoregressive transfer function）

これは近似された伝達関数と真の伝達関数の誤差の二乗を最小にするという観点から導かれたもので

$$CAT(m) = 1 - \frac{P_\infty}{P_m} + \frac{m}{N} \tag{7.60}$$

を最小にする m を次数とする。

このようにさまざまな評価規準が提案されているが，実用的には計算の容易さから（2）の FPE 規準で次数を決定することが多いようである。またこの最適な m は $m \cong (2 \sim 3)\sqrt{N}$ 程度となることが多いとされている。

7.6 信号生成モデルの応用

本章では,美しく体系化された線形予測理論に基づいて信号生成モデルを構築することを学んできた。これはさまざまな分野に応用されている。

1. スペクトル推定への応用

その直接的な応用は,本章の冒頭で述べたスペクトル推定である。すなわち,図 7.2 の信号生成モデルとして自己回帰モデルを採用することとすれば,その係数を用いて,出力 $x(n)$ の電力スペクトル密度は

$$\Phi_x(f) = \frac{P_m T_0}{\left|1 - \sum_{k=1}^{m} \alpha_k^{(m)} \exp(-j2\pi f k T_0)\right|^2} \tag{7.61}$$

で与えられる。ここに,T_0 は離散時間信号として与えられた $x(n)$ の標本間隔である。

この自己回帰モデルに基づくスペクトル推定法は,3.4 節で述べたように**最大エントロピー法**(maximum entropy method),略して **MEM** とも呼ばれている。

2. 音声信号処理への応用

本章で述べた線形予測理論の体系化に際して,板倉を始めとする音声分野の研究者が多大な貢献をしている。それは,本章で扱った信号生成モデルが音声の実際の生成機構と親和性がよいからである。

(1) 音声の生成過程とそのモデル化

図 7.10 に人の発声器官の構造を示す。肺から気管支を経て出てくる空気の流れは,まずは声帯を振動させる。有声音の場合,この声帯波は周期的な振動波となり,声道に送り出さ

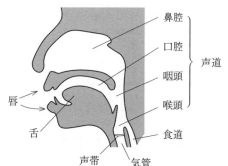

図 7.10 人の発声器官

れる。声道は喉頭，咽頭，口腔，鼻腔などによって構成される音響管とみなせる。この音響管の断面積を変化させることにより，さまざまな音声波形が生成される。無声音の場合は，声帯振動はともなわずに，声道で生じる乱流雑音や，破裂音などが音源となる。

図 7.11 はこのような音声生成過程をモデル化したものである。ここでは音源部として，有声音に対応して周期的なパルス信号発生器，無声音に対応して白色雑音発生器が用意されており，これらが切り替えられる。一方，声道部として，その伝送特性を近似する時変係数の線形フィルタがおかれている。有声音の場合は，声道の形状の変化は比較的ゆるやかであるので，10～20m秒程度の短時間では，その係数はほぼ一定であると考えてよい。

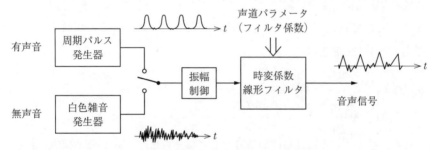

図 7.11 音声生成過程のモデル

有声音の音源である周期的なパルス信号は，基本周波数（ピッチ周波数）とその高調波周波数にスペクトルを持つ。このそれぞれのスペクトルは，声道に対応する線形フィルタの伝達関数で大きさが制御されて，音声波形ではこれがスペクトル包絡として観測される（**図 7.12**）。

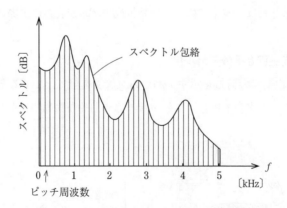

図 7.12 音声のスペクトル（概念図，実際のスペクトルは図 2.2 のようになる）

（2） 音声の分析と合成

図 7.11 のモデルに本章の理論を適用することによって，音声の分析と合成が可能になる。本章で述べた自己回帰モデルを声道部の線形フィルタに対応させれば，そのパラメータであ

る線形予測係数が声道の特性を記述する特徴量となる．格子型フィルタを対応させれば反射係数が声道伝達関数を特徴づける．音声の分析，特に母音の分析は，これらの特徴パラメータに基づいて行うことができる．特徴パラメータによって線形フィルタを制御すれば，音声の合成を行うこともできる．

この音声の分析器と合成器を組み合わせれば音声の効率のよい通信が可能になる．すなわち，送信側に分析器をおいて，分析されたパラメータだけを符号化して受信側に送る．受信側ではそのパラメータに基づいて合成器を駆動して，音声信号を再生する．これは音声の**分析合成符号化方式**（analysis and synthesis coding）と呼ばれている．パラメータだけを符号化すればよいので，大幅な情報圧縮が可能になる．

この分析合成符号化方式に格子型モデルを適用すると，送信側の分析器は**図7.13**（a）の構成となる．まずは格子型フィルタで，前向き予測誤差信号と後向き予測誤差信号の相関係数として反射係数（PARCOR係数）が計算される．これが声道のスペクトル包絡情報となる．音源情報としてはパルスの振幅や周期（ピッチ），有声度などがあるが，これは格子型フィルタの出力を解析することによって得られる．

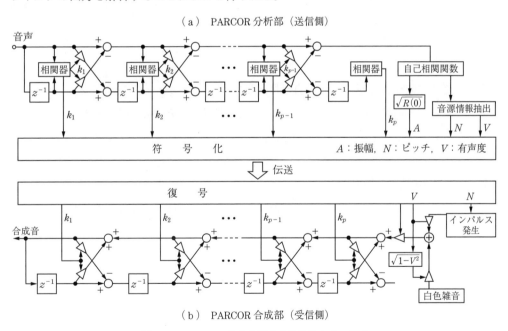

図 7.13　PARCOR音声分析合成符号化方式の構成

受信側には，送信側の分析器の逆フィルタの形で構成された音声合成器がおかれている．これを送信側から送られてきたパラメータ，すなわち

・スペクトル包絡情報として

　　反射係数（PARCOR係数）k_m　　（本文の$\alpha_m^{(m)}$に相当）

・音源情報として

　　振幅 A，有声音に対応するパルス発生器のピッチ N

　　有声音と無声音の割合（有声度）V

などによって制御することにより音声が再生される。この構成を図 7.13（ b ）に示す。

理解度チェック

7.1（一次の線形予測問題）

　$x(n)$ を定常な離散時間信号とする。n 時点の信号 $x(n)$ を 1 時点前の信号 $x(n-1)$ から予測する一次の線形予測問題を直接解いてみよう。すなわち，**図 7.14** に示すように $x(n)$ の予測値は

$$\hat{x}(n) = \alpha x(n-1)$$

で与えられ，この予測係数 α は予測誤差

$$e(n) = x(n) - \hat{x}(n)$$

の二乗平均

$$P = E[e(n)^2]$$

を最小にするように定められるものとする。

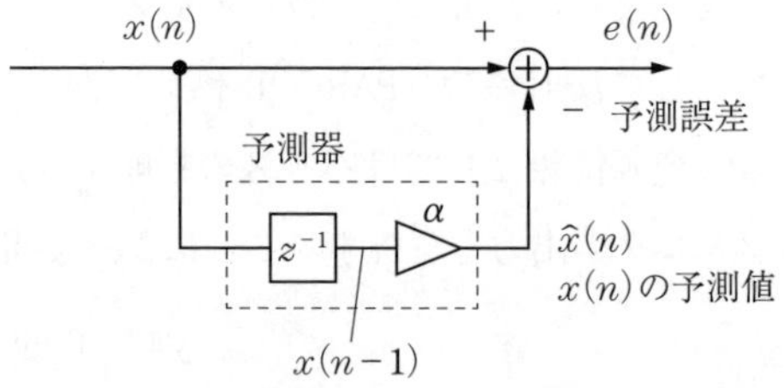

図 7.14　一次の線形予測

（1）　最適予測係数 α が，$x(n)$ の自己相関関数 $\varphi(k)$ によって記述できることを示せ。

（2）　このときの予測誤差の二乗平均 P を自己相関関数 $\varphi(k)$ を用いて記述せよ。

（3）　$x(n-1)$ と予測誤差 $e(n)$ の相関を求めよ。

7.2（後向き予測誤差の無相関性）

　格子型フィルタにおけるそれぞれの段の後向き予測誤差は，それより以前の後向き予測誤差とは相関がないことを示せ。

8

適応フィルタと
アルゴリズム

概　要

　信号と雑音の統計的性質が未知あるいは時間的
に変動するときは，適応的に特性を再調整する
フィルタが望まれる。そこでの主要な課題は，
フィルタ係数の適応アルゴリズムである。

　本章では，その基本的な考え方を明らかにし
て，具体的な適応アルゴリズムとして逐次適応ア
ルゴリズムと最小二乗適応アルゴリズムを紹介す
る。また適応フィルタの応用についても触れる。

8.1 適応フィルタの考え方

これまでの章で紹介したフィルタは信号や雑音の統計的性質，例えばウィナーフィルタではそれぞれの自己相関関数や電力スペクトル密度などがあらかじめわかっていることを前提としていた．本章では，その統計的性質が未知の場合，あるいは時間的に変動する場合を扱う．その場合は係数が固定されたフィルタでは対処できない．フィルタ係数を可変にして，信号の統計的性質を学習しながら，つねにそれに追随するようにフィルタの特性を再調整することが必要になる．このような機構を持つフィルタは**適応フィルタ**（adaptive filter）と呼ばれる．

1. 適応フィルタの構成

図 **8.1** に $x(n)$ を入力信号，$y(n)$ を出力信号とする適応フィルタの基本モデルを示す．適応フィルタは，入力信号などの性質が変化したときに，つねに望ましい応答をするように，自動的にフィルタ係数を再調整する機能を持つ．具体的には，望ましい応答として目標信号（desired signal）あるいは訓練信号（training signal）$d(n)$ を想定し，$d(n)$ と実際の出力 $y(n)$ の差

$$e(n) = d(n) - y(n) \tag{8.1}$$

ができるだけ小さくなるように係数が更新される．この $e(n)$ は誤差信号（error signal）と呼ばれている．

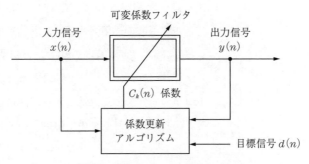

図 **8.1** 適応フィルタの基本モデル

ここでは図 **8.2** の離散時間フィルタ（有限インパルス応答フィルタ）を対象として適応フィルタの考え方を示そう．一般にこの形のフィルタの入出力関係は

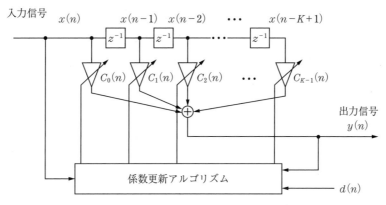

図 8.2 有限インパルス応答（FIR）適応フィルタ

$$y(n) = \sum_{k=0}^{K-1} C_k x(n-k) \tag{8.2}$$

で与えられるが，適応フィルタでは係数がつねに更新されるので，係数C_kそのものが時間の関数$C_k(n)$となる．したがって，式(8.2)に代わって次の式(8.3)が適応フィルタの入出力関係となる．

$$y(n) = \sum_{k=0}^{K-1} C_k(n) x(n-k) \tag{8.3}$$

このとき，目標信号に対する誤差信号$e(n)$は

$$e(n) = d(n) - \sum_{k=0}^{K-1} C_k(n) x(n-k) \tag{8.4}$$

で与えられる．

2. 適応問題の定式化

フィルタ係数は誤差信号ができるだけ小さくなるように設定される．n時点の係数$C_k(n)$ $(n = 0, 1, 2, \cdots, K-1)$ を決めるために，まずその係数を仮にn時点までの入力信号に適用したときの誤差信号を計算する．これは次式で与えられる．

$$e'(m) = d(m) - \sum_{k=0}^{K-1} C_k(n) x(m-k) \qquad (m \leq n) \tag{8.5}$$

ここでは，この誤差信号の二乗平均値を

$$J = E[|e'(m)|^2] \tag{8.6}$$

として，これをフィルタ係数更新の評価関数として採用することとする．

適応フィルタでは，この平均をとる時間をどの範囲とするかが問題となる．これは二通りのモードが考えられる．

1) 学習モード　　信号の統計的性質（例えば自己相関関数や電力スペクトル密度）が時間的に変化しないこと，つまり定常であることがわかっているが，その統計的性質が未知である場合は，**図 8.3**（a）に示すように観測を始めた $m=0$ 時点から $m=n$ 時点までのすべてを平均することが妥当であろう。

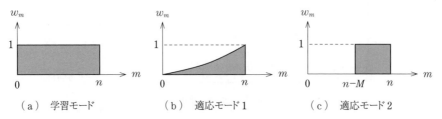

（a）学習モード　　　　（b）適応モード 1　　　　（c）適応モード 2

図 8.3　評価関数における重み w_m

2) 適応モード　　信号の統計的性質が時間的に変化しているときは，$m=n$ 時点から離れた時点の誤差信号を含めることは適当でない。この場合は，時間が離れている誤差信号を小さく評価するような重みを導入して

$$J = \sum_{m=0}^{n} w_m |e'(m)|^2 \tag{8.7}$$

を評価関数にすることが考えられる。

　例えば，図 8.3（b）のように離れた時点ほど指数的に重みを小さくする場合は

$$w_m = \lambda^{n-m} \quad (m \leq n, 0 < \lambda \leq 1) \tag{8.8}$$

とすればよい。あるいは図（c）に示すように平均をとる時間範囲を M 時点前までとして

$$w_m = \begin{cases} 1 & (m = n-M \sim n) \\ 0 & (m < n-M) \end{cases} \tag{8.9}$$

とする方法もある。もし $M=0$ とすると，平均をとらずに n 時点の $e'(n) = e(n)$ だけを小さくするモードとなる。

なお

$$w_m = 1 \quad (m = 0, 1, \cdots, n) \tag{8.10}$$

とすれば，1) の学習モードとなり，式 (8.7) は学習モードと適応モードのどちらにも適用できる。以下ではフィルタ係数を更新するときの評価関数として，両方のモードも含めて式 (8.7) を採用することにする。

　こうして，適応フィルタの係数更新問題が次のように定式化できた。

問題 8.1（適応フィルタの係数更新問題）

　フィルタの入出力関係が

$$y(n) = \sum_{k=0}^{K-1} C_k(n) x(n-k) \tag{8.11}$$

であるとき，n 時点の係数 $C_k(n)$ を適用したときの m 時点の誤差信号を

$$e'(m) = d(m) - \sum_{k=0}^{K-1} C_k(n) x(m-k) \tag{8.12}$$

とおいて，その重みつき二乗平均

$$J = \sum_{m=0}^{n} w_m |e'(m)|^2 \tag{8.13}$$

が最小になるように n 時点のフィルタ係数 $C_k(n)$ を決定せよ．

3. 最適係数の条件

最適なフィルタ係数は，評価関数である J が下に凸な二次関数であるから，これを係数で偏微分してその値を 0 とおけば求められる．すなわち

$$\frac{\partial J}{\partial C_l(n)} = 0 \qquad (l = 0, 1, \cdots, K-1) \tag{8.14}$$

これは次のように計算される．

$$
\begin{aligned}
\frac{\partial J}{\partial C_l(n)} &= \frac{\partial}{\partial C_l(n)} \sum_{m=0}^{n} w_m \Big(d(m) - \sum_{k=0}^{K-1} C_k(n) x(m-k) \Big)^2 \\
&= 2 \sum_{m=0}^{n} w_m \Big(d(m) - \sum_{k=0}^{K-1} C_k(n) x(m-k) \Big) (-x(m-l)) \\
&= -2 \sum_{m=0}^{n} w_m d(m) x(m-l) + 2 \sum_{m=0}^{n} w_m \sum_{k=0}^{K-1} C_k(n) x(m-k) x(m-l) \\
&= -2 \sum_{m=0}^{n} w_m d(m) x(m-l) + 2 \sum_{k=0}^{K-1} C_k(n) \sum_{m=0}^{n} w_m x(m-k) x(m-l) \tag{8.15}
\end{aligned}
$$

ここで，n 時点で推定された重みつき相互相関関数と重みつき自己相関関数を

$$\varphi_{dx}^{(n)}(-l) = \sum_{m=0}^{n} w_m d(m) x(m-l) = \varphi_{xd}^{(n)}(l) \tag{8.16}$$

$$\varphi_{xx}^{(n)}(k-l) = \sum_{m=0}^{n} w_m x(m-k) x(m-l) \tag{8.17}$$

とおくと

$$\sum_{k=0}^{K-1} C_k(n) \varphi_{xx}^{(n)}(k-l) = \varphi_{xd}^{(n)}(l) \qquad (l = 0, 1, \cdots, K-1) \tag{8.18}$$

となる．この方程式を解けば最適なフィルタ係数が求まる．この方程式は第 5 章で述べた

ウィナー・ホッフ方程式に相当するものであり，**正規方程式**（normal equation）とも呼ばれている。これは連立一次方程式であるから，次のように行列表現もできる。

$$
\begin{bmatrix}
\varphi_{xx}^{(n)}(0) & \varphi_{xx}^{(n)}(1) & \cdots & \varphi_{xx}^{(n)}(K-1) \\
\varphi_{xx}^{(n)}(1) & \varphi_{xx}^{(n)}(0) & \cdots & \varphi_{xx}^{(n)}(K-2) \\
\vdots & \vdots & \ddots & \vdots \\
\varphi_{xx}^{(n)}(K-1) & \varphi_{xx}^{(n)}(K-2) & \cdots & \varphi_{xx}^{(n)}(0)
\end{bmatrix}
\begin{bmatrix}
C_0(n) \\
C_1(n) \\
\vdots \\
C_{K-1}(n)
\end{bmatrix}
=
\begin{bmatrix}
\varphi_{xd}^{(n)}(0) \\
\varphi_{xd}^{(n)}(1) \\
\vdots \\
\varphi_{xd}^{(n)}(K-1)
\end{bmatrix}
$$

$$
\qquad\qquad\qquad R_{xx}(n) \qquad\qquad\qquad\qquad\qquad \boldsymbol{c}(n) \qquad\qquad P(n)
$$

$$(8.19)$$

すなわち

$$R_{xx}(n)\boldsymbol{c}(n) = P(n) \tag{8.20}$$

これを解くと，$R_{xx}(n)$ が正則であれば，最適な係数は次式で与えられる。

$$\boldsymbol{c}(n) = R_{xx}(n)^{-1}P(n) \tag{8.21}$$

4. 係数適応アルゴリズム

適応フィルタにおいて，フィルタ係数 $C_k(n)$ を各時点ごとに更新するアルゴリズムを**適応アルゴリズム**（adaptive algorithm）という。これは，次のように最小二乗アルゴリズムと逐次適応アルゴリズムに大別される。

（1） 最小二乗適応アルゴリズム

それぞれの時点ごとに式(8.18)あるいは式(8.21)を解けば，評価関数 J を最小にするという意味で最適なフィルタ係数が得られる。しかしこれは式(8.21)の逆行列演算が含まれるので計算量が多い。そこでより少ない計算量でこの最適解を求めるアルゴリズムが研究された。例えば，n 時点の最適な係数を求めるための計算は，その前の $n-1$ 時点の最適な係数を求めるための計算と重複する部分が少なくない。これをうまく利用すれば計算量を減らせる可能性がある。このような考え方のもとに導かれた一連のアルゴリズムは，いずれも誤差の二乗平均が最小という意味で最適解を与えるものであるので，**最小二乗アルゴリズム**（least squares algorithm）と呼ばれている。本章では 8.3 節で紹介する。

（2） 逐次適応アルゴリズム

評価関数 J を最小にするフィルタ係数を直接計算によって求めないで，試行錯誤的に探し求めていく方法が**逐次適応アルゴリズム**（iterative adaptation algorithm）である。すなわち，n 時点において推定されたフィルタ係数 $C_k(n)$ に対して若干の修正を施し

$$C_k(n+1) = C_k(n) + \Delta C_k(n) \qquad (k=0, 1, \cdots, K-1) \tag{8.22}$$

を $n+1$ 時点のフィルタ係数の推定値とする。この修正の方向が式(8.21)をみたす最適係数

へ向いていれば，例えば定常な環境のもとでは最終的に最適解に近づいていくであろう。特性が変動する非定常な環境のもとでも，適応的に係数が追随していくことが期待される。この方法は一般に収束が遅いけれども，計算量が少なく，適応フィルタで重要な実時間処理が容易であるという特徴がある。これについては次節でその代表的な方式を紹介する。

歴史的には，制御理論の分野では最適計算を行う最小二乗アルゴリズムが研究された。これに対して実時間処理の要求が厳しい通信分野では，計算量が少ない逐次適応アルゴリズムが注目され，伝送路の自動等化器などで実用化された。

8.2 逐次適応アルゴリズム

適応フィルタの係数の逐次適応アルゴリズムは，非線形計画法における**山登り問題**（hill climbing problem）と密接に関係している。

1. 勾配アルゴリズムと LMS アルゴリズム

いま二つの変数 x_1 と x_2 の関数 $f(x_1, x_2)$ があって，(x_1, x_2) 平面における $f(x_1, x_2)$ の等高線（同じ関数値を持つ (x_1, x_2) の座標からなる曲線）が**図 8.4** のようなものであったとしよう。(x_1, x_2) の初期値，例えば図の点 A から出発して，試行錯誤的に山の頂上（あるいは谷の底）の点 O に到達するにはどうしたらよいか。これが山登り（あるいは谷下り，これも含めて山登りという）の問題である。

山登り法は数多くあるが，その中で最も考えやすい方法は，つねに山（谷）の最急勾配の方向に山を登って（あるいは谷を下って）いくことである。これは**最急勾配法**（steepest descent method）あるいは**最大傾斜法**と呼ばれている。

最急勾配法では，フィルタ係数は次式に従って逐次的に修正される。

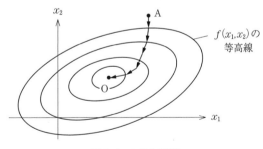

図 8.4 山登り問題

$$C_k(n+1) = C_k(n) - \alpha \frac{\partial J}{\partial C_k(n)} \quad (k=0, 1, \cdots, K-1) \tag{8.23}$$

α は修正の大きさを決める定数であって，評価関数が下に凸な場合は $\alpha > 0$ に設定される。

ここで式 (8.12) と式 (8.15) より

$$\frac{\partial J}{\partial C_k(n)} = -2\sum_{m=0}^{n} w_m e'(m)x(m-k) \tag{8.24}$$

であるから

$$C_k(n+1) = C_k(n) + \mu \sum_{m=0}^{n} w_m e'(m)x(m-k) \tag{8.25}$$

ただし, $\mu = 2\alpha$ (8.26)

が得られる。

このもっとも単純な構成は, 式(8.13)の J における平均操作を省略して

$$w_m = \begin{cases} 1 & (m=n) \\ 0 & (m<n) \end{cases} \tag{8.27}$$

としたものである。このときは

$$\sum_{m=0}^{n} w_m e'(m)x(m-k) = e(n)x(n-k) \tag{8.28}$$

となるから, 次のような逐次適応アルゴリズムが得られる。これは 1960 年にウィドロー (B. Widrow) によって提案されたもので, **LMS アルゴリズム** (least mean square algorithm) として知られている。

定理 8.1（適応フィルタのアルゴリズム 1（LMS アルゴリズム））

n 時点のフィルタ係数が与えられているとき, $n+1$ 時点のフィルタ係数を次式に基づいて逐次的に修正する。

$$C_k(n+1) = C_k(n) + \mu e(n)x(n-k) \quad (\mu > 0, \ k=0,1,\cdots,K-1) \tag{8.29}$$

このアルゴリズムでは, 誤差信号 $e(n)$ と入力信号 $x(n-k)$ の積が, 係数 $C_k(n)$ の修正の方向

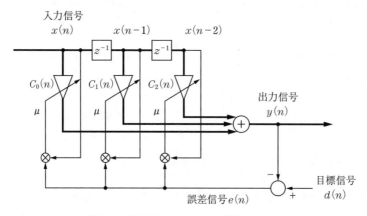

図 **8.5** LMS 適応フィルタの構成 ($K=3$)

を決めている。**図 8.5** に次数 $K=3$ の場合の構成を示す。かなり簡単な回路構成になっていることに注意されたい。

2. LMS アルゴリズムの収束性と係数 μ の決め方

LMS アルゴリズムの特徴は，計算量が少ないことであるが，必ずしも収束性は保証されない。また収束したとしても，修正係数 μ の値をどうするかによって，収束の速さが大きく異なる。

一般に，修正係数 μ を大きく選ぶと収束は速くなるが，$n \to \infty$ のときの残留誤差が大きくなる。発散の可能性もある。一方，μ を小さく選ぶと必ず収束性が保証され残留誤差も少なくなるが，収束が遅くなる。

この修正係数 μ と LMS アルゴリズムの収束性については，次のような条件が知られている。

（1） まずは学習モードで入力信号の定常性を仮定する。このとき式(8.19)で与えられた入力信号の共分散行列 $R_{xx}(n)$ の固有値を $\lambda_1, \lambda_2, \cdots, \lambda_K$ として，その最大の固有値を $\lambda_{\max}$ と記すことにする。このときフィルタ係数の期待値が $n \to \infty$ のときに最適係数に収束するための必要十分条件は次式で与えられる。

$$0 < \mu < \frac{2}{\lambda_{\max}} \tag{8.30}$$

（2） 係数の期待値が収束しても誤差信号の二乗平均値が収束するとは限らない。これが収束するための必要十分条件は，式(8.30)よりも厳しく

$$0 < \mu < \frac{2}{\sum_{k=1}^{K} \lambda_k} \tag{8.31}$$

で与えられる。ここに右辺の分母は入力信号電力の総和であるから，式(8.31)は次のようにも表現できる。

$$0 < \mu < \frac{2}{入力信号電力} \tag{8.32}$$

（3） 入力信号の性質が変動する適応モードでは可変の修正係数 $\mu(n)$ が望ましい。その一つとして

$$\mu(n) = \frac{\alpha}{\sum_{k=0}^{K-1} x^2(n-k)} \qquad (0 < \alpha < 2) \tag{8.33}$$

とするアルゴリズムがある。分母はフィルタに関係している信号値の二乗和である。この修正係数を用いたアルゴリズムは**学習同定法**と呼ばれている。

8.3 最小二乗適応アルゴリズム

8.1 節で述べたように，それぞれの時点で式(8.18)を計算すれば誤差の二乗平均を最小にするという意味で最適な係数を求めることができる。しかしそのためには，式(8.21)にあるように，それぞれの時点で逆行列を計算しなければならない。それはかなりの計算量となる。

次に述べる**漸化的最小二乗アルゴリズム**（recursive least squares algorithm，**RLS**）は，この逆行列の計算が不要なアルゴリズムである。

まずは記述を簡潔にするため，入力信号とフィルタ係数をベクトルの形で，次のように表す。いずれも縦ベクトルで定義されているものとする。

$$\boldsymbol{x}(n) = (x(n), x(n-1), \cdots, x(n-K+1))^{\mathrm{T}} \tag{8.34}$$

$$\boldsymbol{c}(n) = (C_0(n), C_1(n), \cdots, C_{K-1}(n))^{\mathrm{T}} \tag{8.35}$$

このときフィルタの入出力関係は

$$y(n) = \boldsymbol{c}(n)^{\mathrm{T}}\boldsymbol{x}(n) \tag{8.36}$$

と表現され，式(8.12)に相当する誤差信号は

$$e'(m) = d(m) - \boldsymbol{c}(n)^{\mathrm{T}}\boldsymbol{x}(n) \tag{8.37}$$

となる。

さて，最小二乗適応アルゴリズムでは，式(8.20)で示したように，n 時点で最適な係数は次式をみたすように与えられる。

$$R_{xx}(n)\boldsymbol{c}(n) = P(n) \tag{8.38}$$

ここに，$R_{xx}(n)$ と $P(n)$ は，それぞれ次式で定義される重みつき共分散関数である。

$$R_{xx}(n) = \sum_{m=0}^{n} w_m \boldsymbol{x}(m)\boldsymbol{x}(m)^{\mathrm{T}} \tag{8.39}$$

$$P(n) = \sum_{m=0}^{n} w_m d(m)\boldsymbol{x}(m) \tag{8.40}$$

ここでは，重み w_m として次式（式(8.8)に相当）のようにおくものとする。$\lambda=1$ とすれば学習モードになる。

$$w_m = \lambda^{n-m} \qquad (0 \leq m \leq n, \, 0 < \lambda \leq 1) \tag{8.41}$$

以下では式(8.35)の係数を漸化的に求めることを考えよう。それには n 時点の最適係数がみたすべき関係式

$$R_{xx}(n)\boldsymbol{c}(n) = P(n) \tag{8.42}$$

と $n-1$ 時点の最適係数がみたすべき関係式

$$R_{xx}(n-1)\boldsymbol{c}(n-1) = P(n-1) \tag{8.43}$$

の関係を調べればよい。

まずは

$$P(n) = \sum_{m=0}^{n-1} \lambda^{n-m} d(m)\boldsymbol{x}(m) + d(n)\boldsymbol{x}(n)$$

$$= \lambda \sum_{m=0}^{n-1} \lambda^{(n-1)-m} d(m)\boldsymbol{x}(m) + d(n)\boldsymbol{x}(n)$$

$$= \lambda P(n-1) + d(n)\boldsymbol{x}(n) \tag{8.44}$$

であるから，これを式(8.42)の右辺に代入すると

$$R_{xx}(n)\boldsymbol{c}(n) = \lambda P(n-1) + d(n)\boldsymbol{x}(n) \tag{8.45}$$

一方

$$R_{xx}(n) = \sum_{m=0}^{n-1} \lambda^{n-m}\boldsymbol{x}(m)\boldsymbol{x}(m)^{\mathrm{T}} + \boldsymbol{x}(n)\boldsymbol{x}(n)^{\mathrm{T}}$$

$$= \lambda \sum_{m=0}^{n-1} \lambda^{(n-1)-m}\boldsymbol{x}(m)\boldsymbol{x}(m)^{\mathrm{T}} + \boldsymbol{x}(n)\boldsymbol{x}(n)^{\mathrm{T}}$$

$$= \lambda R_{xx}(n-1) + \boldsymbol{x}(n)\boldsymbol{x}(n)^{\mathrm{T}} \tag{8.46}$$

であるから，この式(8.46)を $\boldsymbol{c}(n-1)$ 倍して，さらには式(8.43)を代入すると

$$R_{xx}(n)\boldsymbol{c}(n-1) = \lambda R_{xx}(n-1)\boldsymbol{c}(n-1) + \boldsymbol{x}(n)\boldsymbol{x}(n)^{\mathrm{T}}\boldsymbol{c}(n-1)$$

$$= \lambda P(n-1) + \boldsymbol{x}(n)\boldsymbol{x}(n)^{\mathrm{T}}\boldsymbol{c}(n-1) \tag{8.47}$$

こうして式(8.45)と式(8.47)が得られた。両式の差をとると

$$R_{xx}(n)(\boldsymbol{c}(n) - \boldsymbol{c}(n-1)) = d(n)\boldsymbol{x}(n) - \boldsymbol{x}(n)\boldsymbol{x}(n)^{\mathrm{T}}\boldsymbol{c}(n-1)$$

$$= \boldsymbol{x}(n)(d(n) - \boldsymbol{x}(n)^{\mathrm{T}}\boldsymbol{c}(n-1)) \tag{8.48}$$

となるから，これを整理して次式が得られる。

$$\boldsymbol{c}(n) = \boldsymbol{c}(n-1) + R_{xx}^{-1}(n)\boldsymbol{x}(n)(d(n) - \boldsymbol{x}(n)^{\mathrm{T}}\boldsymbol{c}(n-1)) \tag{8.49}$$

これが $\boldsymbol{c}(n-1)$ から $\boldsymbol{c}(n)$ を求める漸化式である。

式(8.49)にも $R_{xx}^{-1}(n)$ の逆行列演算が含まれている。そこで，$R_{xx}(n)$ に関する式(8.46)に対して逆行列の補助定理（定理6.2，少し変形している）を適用してみよう。

$A = B + CDC^{\mathrm{T}}$ のとき

$$A^{-1} = B^{-1} - B^{-1}C(D^{-1} + C^{\mathrm{T}}B^{-1}C)^{-1}C^{\mathrm{T}}B^{-1} \tag{8.50}$$

ただし，A, B, D は正定値行列

この式(8.50)に対して，$A = R_{xx}(n)$, $B = \lambda R_{xx}(n-1)$, $C = \boldsymbol{x}(n)$, $D = I$ とおくと

158   8. 適応フィルタとアルゴリズム

$$R_{xx}^{-1}(n) = \frac{1}{\lambda} R_{xx}^{-1}(n-1)$$

$$-\frac{1}{\lambda} R_{xx}^{-1}(n-1)\boldsymbol{x}(n)\left\{I + \boldsymbol{x}(n)^{\mathrm{T}}\frac{1}{\lambda} R_{xx}^{-1}(n-1)\boldsymbol{x}(n)\right\}^{-1}\boldsymbol{x}(n)^{\mathrm{T}}\frac{1}{\lambda} R_{xx}^{-1}(n-1)$$

$$(8.51)$$

なる関係式が得られる。これは右辺 { } 内がスカラー量であることに注意して，ベクトル

$$\boldsymbol{k}(n) = \frac{R_{xx}^{-1}(n-1)\boldsymbol{x}(n)}{\lambda + \boldsymbol{x}(n)^{\mathrm{T}}R_{xx}^{-1}(n-1)\boldsymbol{x}(n)} \tag{8.52}$$

を新たに定義して整理すると，次式のような簡潔な式となる。

$$R_{xx}^{-1}(n) = \frac{1}{\lambda}(I - \boldsymbol{k}(n)\boldsymbol{x}(n)^{\mathrm{T}})R_{xx}^{-1}(n-1) \tag{8.53}$$

$n-1$ 時点における $R_{xx}^{-1}(n-1)$ が与えられていれば，$R_{xx}^{-1}(n-1)$ を直接用いて式 (8.52) の $\boldsymbol{k}(n)$ を計算することができ，この $\boldsymbol{k}(n)$ を用いて式 (8.53) より n 時点の $R_{xx}^{-1}(n)$ が計算される。このことは $R_{xx}^{-1}(n-1)$ より $R_{xx}^{-1}(n)$ が逆行列演算なしで求められることを示している。

なお，式 (8.52) の $\boldsymbol{k}(n)$ は式 (8.49) における $R_{xx}^{-1}(n)\boldsymbol{x}(n)$ に等しい。すなわち，式 (8.52) より

$$\boldsymbol{k}(n)(\lambda + \boldsymbol{x}(n)^{\mathrm{T}}R_{xx}^{-1}(n-1)\boldsymbol{x}(n)) = R_{xx}^{-1}(n-1)\boldsymbol{x}(n) \tag{8.54}$$

であるから

$$\boldsymbol{k}(n)\lambda = (I - \boldsymbol{k}(n)\boldsymbol{x}(n)^{\mathrm{T}})R_{xx}^{-1}(n-1)\boldsymbol{x}(n) \tag{8.55}$$

これに式 (8.53) を代入すると

$$\boldsymbol{k}(n) = R_{xx}^{-1}(n)\boldsymbol{x}(n)$$

となる。したがって，式 (8.49) の係数の更新アルゴリズムは，次のようにも表現できる。

$$\boldsymbol{c}(n) = \boldsymbol{c}(n-1) + \boldsymbol{k}(n)(d(n) - \boldsymbol{x}(n)^{\mathrm{T}}\boldsymbol{c}(n-1)) \tag{8.56}$$

こうして得られたアルゴリズムを次にまとめておこう。

定理 8.2（適応フィルタのアルゴリズム 2（漸化的最小二乗（**RLS**）アルゴリズム））

$n-1$ 時点の最適係数 $\boldsymbol{c}(n-1)$ と入力信号の共分散行列の逆行列 $R_{xx}^{-1}(n-1)$ が与えられているとき，n 時点の $\boldsymbol{c}(n)$ と $R_{xx}^{-1}(n)$ は次式で漸化的に計算できる。

$$\boldsymbol{c}(n) = \boldsymbol{c}(n-1) + \boldsymbol{k}(n)(d(n) - \boldsymbol{x}(n)^{\mathrm{T}}\boldsymbol{c}(n-1)) \tag{8.56}'$$

$$R_{xx}^{-1}(n) = \frac{1}{\lambda}(I - \boldsymbol{k}(n)\boldsymbol{x}(n)^{\mathrm{T}})R_{xx}^{-1}(n-1) \tag{8.53}'$$

$$\text{ただし，} \boldsymbol{k}(n) = \frac{R_{xx}^{-1}(n-1)\boldsymbol{x}(n)}{\lambda + \boldsymbol{x}(n)^{\mathrm{T}}R_{xx}^{-1}(n-1)\boldsymbol{x}(n)} \tag{8.52}'$$

このアルゴリズムは，LMS アルゴリズムなどの逐次的適応アルゴリズムに比べて計算量は多

くなるが，それぞれの時点で最適な係数を求めているので，収束が速く残留誤差も小さい。これはカルマンフィルタの理論とも密接な関係がありカルマンアルゴリズムとも呼ばれている。

8.4 さまざまな適応フィルタ

ここでは，図8.2の形のフィルタを対象としてフィルタ係数の適応アルゴリズムを紹介したが，フィルタ係数は必ずしも過去の信号値 $x(n-k)$ $(k=0, 1, \cdots)$ そのものにかかるものでなくてもよい。例えば，**図8.6**のようにあらかじめ信号変換を行って，並列に出力された信号それぞれに係数をつけて，その係数を適応的に制御することもできる。

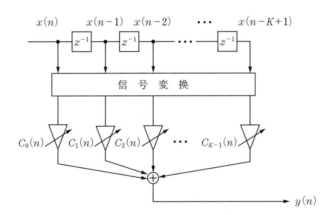

図 8.6 信号変換をともなう適応フィルタ

一つ例を示しておこう。7.4節で説明した格子型フィルタを用いた適応フィルタを**図8.7**に示す。このフィルタの出力は，格子型フィルタにおける後向き予測誤差信号を線形結合することによって得られている。この線形結合の係数に対して例えばLMSアルゴリズムを適用すると次のようになる。

$$C_k(n+1) = C_k(n) + \mu_k(n)e_k(n)b^{(k)}(n) \tag{8.57}$$

ただし，誤差信号は最終的なフィルタ誤差信号を共通に用いてもよいし，図8.7のように，それぞれの段で得られる誤差信号を用いてもよい。さらには，それぞれの段の修正係数 $\mu_k(n)$ さらには格子型フィルタの反射係数 $\alpha_k^{(k)}(n)$ も適応的に制御されるが，そのアルゴリズムはここでは省略する。

ほかにも，信号を高速フーリエ変換（FFT）して，周波数領域で伝達関数を適応的に制御することも考えられる。出力からのフィードバックのある無限インパルス応答（IIR）フィル

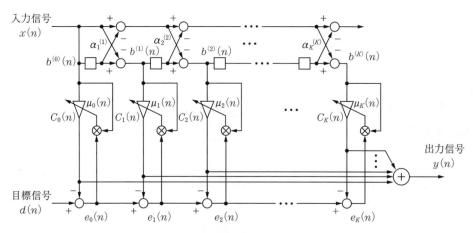

図 8.7　格子型適応フィルタ

タに対しても拡張されている。さらには，信号変換は必ずしも線形でなくて非線形操作が含まれていてもよい。例えば次の第 9 章で説明する ε フィルタは，この手法を用いてそのまま適応化できる。

8.5　適応フィルタの応用

最後に適応フィルタの応用例をいくつか紹介しておこう。

（1）　システム同定

図 8.8 に示すように，特性が未知のシステムと並列に適応フィルタをおいて，出力を比較して誤差が最小になるように適応フィルタを制御すれば，線形の有限インパルス応答（FIR）フィルタによって未知のシステムを近似したモデルを構成することができる。

（2）　伝送路の自動等化器

未知のシステムに対して適応フィルタを図 8.9 のように縦続に接続して，入力を所望信号

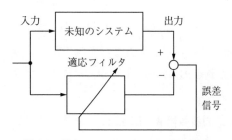

図 8.8　適応フィルタによるシステム同定

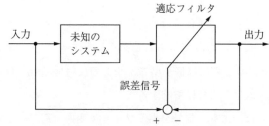

図 8.9　適応フィルタによる逆特性の同定

として制御すると，未知のシステムの逆特性のフィルタが得られる．この実現例として伝送路の自動等化器がある．

データ伝送を行う伝送路では，**図 8.10** に示すように，波形歪みを補償するために受信側に等化器がおかれる．この伝送路の特性が未知の場合，あるいは時間的に変動するときは等化器の特性を自動的に適応させる必要がある．これにはトレーニングモード（学習モード）と適応モードがある．

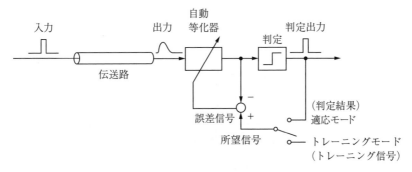

図 8.10 伝送路の自動等化器

トレーニングモードでは，回線使用前に特別なトレーニング信号を送信側から送り，これを所望信号 $d(n)$ として等化器の係数を決定する．適応モードでは，回線使用中にデータを送りながら，等化器の出力の判定結果を所望信号として適応的に係数を制御する．判定が誤っていなければ，正しく係数が調整される．

（3） 適応ノイズキャンセラ

例えば**図 8.11** に示すように，マイクから雑音（ノイズ）が混入した信号が入力したときに，もう1本マイクを用意して雑音のみを拾うことができれば，雑音をキャンセルすることが可能になる．そのためには2本目のマイクの出力の振幅や位相を調整する必要があり，これを適応フィルタで処理する．雑音を除いた後の信号はパワーが小さくなっているはずであるから，これを誤差信号として制御する．

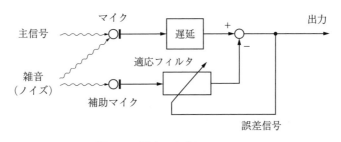

図 8.11 適応ノイズキャンセラ

(4) 適応アンテナアレイ

アンテナアレイでは，複数のアンテナの出力を荷重合成することによって指向性を制御している。**図8.12**のように，この荷重を適応的に調整すれば，自動的に信号の到来方向の指向性を高め，逆に不要波を抑圧するアンテナを実現できる。

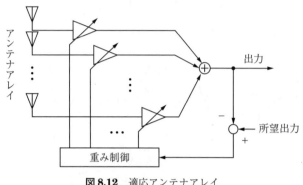

図8.12 適応アンテナアレイ

理解度チェック

8.1 （LMSアルゴリズムとRLSアルゴリズムの関係）

逐次適応アルゴリズム（LMSアルゴリズム）と最小二乗適応アルゴリズム（RLSアルゴリズム）について，それぞれの式(8.29)と式(8.49)を比較することによって，両者の関係を考察せよ。

8.2 （適応ハウリングキャンセラ）

講演会場などで，スピーカーのそばにマイクがあると，スピーカーの出力をマイクが拾って高周波のキーンというハウリングを起こすことがある（**図8.13**参照）。これを適応フィルタによって防止したい。どのような構成にすればよいか考察せよ。

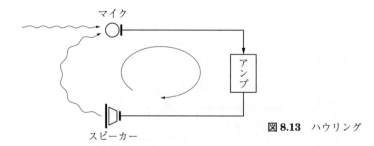

図8.13 ハウリング

9

非線形信号処理フィルタ

概　要

　インパルス性雑音を除去すること，あるいは信号のエッジを劣化なしに小振幅雑音を除去することを目的とするときは，線形ではなく非線形の信号処理フィルタが有効である。本章では代表的な非線形フィルタとして知られているメジアンフィルタを中心に，順序統計に基づくフィルタ，εフィルタなどの特色ある非線形フィルタを紹介する。

9.1 非線形信号処理フィルタとは

本章では、非線形的な信号操作をともなう信号処理フィルタを解説する。

なぜ非線形なのだろう。例えば、図 9.1（a）のように信号にインパルス性の雑音が加わったとき、これを線形フィルタでは出力は同（b）のようになって、効果的に除去できない。あるいは、図 9.2（a）のように、エッジのある信号に小振幅の雑音が加わったときも、線形フィルタでこの雑音を除こうとすると、図（b）のように信号のエッジが保存されずなめらかになってしまう。このようなときは非線形フィルタが必要とされる。

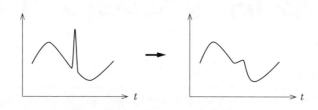

（a）インパルス性雑音が加わった信号　　（b）線形フィルタによる処理

図 9.1 インパルス性雑音が加わった信号の処理（模式図）

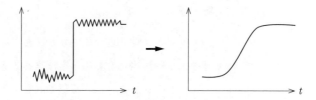

（a）小振幅雑音が加わった　　（b）線形フィルタによる処理
　　　エッジのある信号

図 9.2 小振幅雑音が加わったエッジのある信号の処理（模式図）

逆に、線形フィルタはどのようなときに有効なのだろうか。信号理論によれば、次の三つの条件をみたしているとき、雑音除去フィルタとして線形フィルタが最適になる。

1) 雑音がガウス性の振幅分布を持ち、
2) 信号もまたガウス性の振幅分布を持ち、
3) 雑音が信号に足し算の形で加わって、しかもその値が信号に依存していない。
　　（このような雑音は相加性ガウス雑音（additive Gaussian noise）と呼ばれる）

言い換えると、この三つの条件のいずれかがみたされていないときは、非線形フィルタでよ

り有効な雑音除去を行える可能性がある。

例えば，図 9.1 のインパルス性の雑音の振幅分布はガウス性ではない。このようなインパルス性の雑音を除去したいときに有効な非線形フィルタとしてメジアンフィルタがある。また，これを一般化して順序統計に従う一連のフィルタが提案されている。本章では，次の 9.2 節と 9.3 節でこれらを紹介する。

これに対して図 9.2 の例では，信号の確率分布が必ずしもガウス性でなく，エッジのようなはっきりした構造を持っている。この構造を損なうことなく小振幅の雑音を除去できるフィルタとして ε フィルタがある。これは 9.4 節でその概要を説明する。

また，雑音が必ずしも相加的でなく信号依存性を持つ場合を対象とした非線形フィルタの一つとして準同型フィルタがある。このほかにも数多くの非線形フィルタが提案されている。その一部を 9.5 節で紹介する。

非線形フィルタは，強いて定義すればその名の通り「線形でないフィルタ」であって，その統一理論があるわけではない。もちろん学問的には統一理論の構築は興味ある課題であるが，実際には画像処理を中心に音声処理や生体信号処理などの分野で個別に提案されてきたフィルタが大部分である。本章も個別のフィルタの紹介になってしまうことをお許しいただきたい。

9.2 メジアンフィルタ

1. メジアンフィルタとは

信号から細かく変動する雑音を除去するフィルタとしてもっとも単純な構成は移動平均フィルタであろう。これは相続く $2K+1$ 個の観測信号値の平均値

$$y(n) = \frac{1}{2K+1} \sum_{k=-K}^{K} x(n-k) \tag{9.1}$$

を出力とする線形フィルタである。

これに対して**メジアンフィルタ** (median filter) と呼ばれているものは，相続く $2K+1$ 個の観測信号の平均値ではなくてメジアン値を出力する。メジアン値は中央値とも呼ばれ，$2K+1$ の値を大きさの順に並べたときに個数で数えて中央の値，すなわち $K+1$ 番目に大きな信号値である。

例えば，$2K+1=5$ 個の観測信号が

$$(3, 5, 7, 2, 8)$$

で与えられているときは，大きさの順に並べ替えると

$$(8, 7, 5, 3, 2)$$

となるから，中央にある5がメジアン値（中央値）である。

メジアンフィルタは，このように観測信号を信号値が大きい順に並べ替えて，そのメジアン値を出力とする。これをここでは

$$y(n) = \text{MED}[x(n-K), \cdots, x(n-1), x(n), x(n+1), \cdots, x(n+K)] \tag{9.2}$$

と記すことにしよう。

メジアンフィルタは特にインパルス性の雑音を除去したいときに有効である。メジアンフィルタの長さが$2K+1$であるとき，観測されたある時点にたまたま幅がKよりも小さなインパルス性雑音が含まれていても，それは大きさの順に並べたときにメジアン値になることはない。したがって，そのインパルス性雑音が出力されることはない。図9.3は$2K+1=5$の場合について示したものである。幅2以下のパルスが除去できていることがわかる。

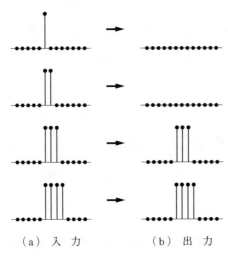

（a）入　力　　　（b）出　力

図9.3　フィルタ窓5のメジアンフィルタによるインパルス性雑音の処理

メジアンフィルタは，信号に急峻なエッジがあるときに，このエッジを崩すことなくきちんと保存する。図9.4にその様子を示す。参考までに式(9.1)の線形移動平均フィルタの出力も示しておいた。メジアンフィルタによって，線形フィルタでは不可能な処理ができている

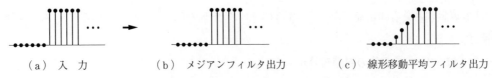

（a）入　力　　　（b）メジアンフィルタ出力　　　（c）線形移動平均フィルタ出力

図9.4　フィルタ窓5のフィルタによるエッジのある信号の処理

ことがわかる。

2. 二次元メジアンフィルタ

メジアンフィルタは，画像処理の分野でよく使われている。画像のエッジを損なうことなくインパルス性の雑音を除去できるからである。

画像では，平面の上で横方向と縦方向のそれぞれに標本値（これを画素という）があって，これが**図 9.5** のように二次元的に配置されている（図では簡単のために画像は黒と白の 2 値になっている）。

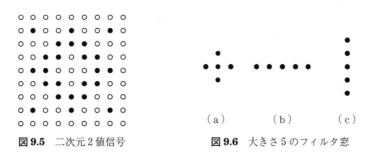

図 **9.5** 二次元 2 値信号　　　図 **9.6** 大きさ 5 のフィルタ窓

二次元メジアンフィルタを設計するときは，フィルタの範囲として処理の対象とする画素をどう選ぶかが重要である。これを**フィルタ窓**という。**図 9.6**（a）〜（c）のフィルタ窓はいずれも大きさが 5 画素であるけれども，これを用いて例えば図 9.5 の画像を処理すると，出力はそれぞれ**図 9.7**（a）〜（c）のようになる。フィルタ窓の形によって出力が大きく違うことがわかる。

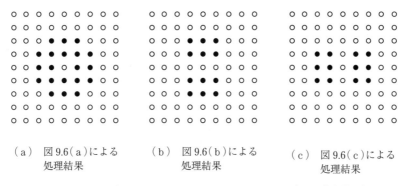

(a) 図 9.6(a)による　　(b) 図 9.6(b)による　　(c) 図 9.6(c)による
　　処理結果　　　　　　　処理結果　　　　　　　処理結果

図 **9.7**　図 9.6 の二次元メジアンフィルタによる図 9.5 の二次元 2 値信号の処理

3. 荷重メジアンフィルタ

ふたたび簡単のために一次元に戻ろう。これまで述べたようにメジアンフィルタは優れた特性を持つが，一方で欠点もある。メジアンフィルタでは，フィルタ窓内の信号を，信号値

が大きい順に並べ替えてしまうので，フィルタ窓内の信号値の時間的な位置関係，つまり信号の形状はまったく考慮されていない。

この欠点を補うために，信号の時間的な位置関係に重みをつけて，例えばフィルタ窓の真ん中にある信号値が重要視されるようにしたのが**荷重メジアンフィルタ**である。

その一つとして，フィルタ窓の信号値を，そのおかれている時間的な位置に応じて複数回繰り返して多重させてからメジアン処理することを考えてみよう。まずは例を示す。

【例】：長さ5のフィルタ窓内で，時間的に最初の信号値は1回，2番目は2回，3番目は3回，4番目は2回，5番目は1回多重させるものとする。このとき，もともとのフィルタ窓内の系列を[8，9，3，2，7]とすれば，多重された系列は，長さ9の

$$\{8，9，9，3，3，3，2，2，7\}$$

となる。もともとの系列のメジアン値は上から3番目の7であるが，多重された系列のメジアン値は上から5番目の3，すなわちこの場合は，荷重メジアンフィルタの出力は時間位置が真ん中の3となっている。

この荷重メジアンフィルタを一般的に記せば，次のようになる。

$$y(n)=\text{MED}[w(-K)\diamondsuit x(n-K)，\cdots，w(0)\diamondsuit x(n)，\cdots，w(K)\diamondsuit x(n+K)] \qquad (9.3)$$

ここに，$w\diamondsuit x$ は

$$w\diamondsuit x=\underbrace{x，x，\cdots，x}_{w個}$$

であって，信号値を w 回繰り返して多重させる操作である。

これは次のようなアルゴリズムで実現される。

1) フィルタ窓の信号値を，大きい順に並べ替える。

2) それぞれの信号値に，その時間位置に対応した荷重 $w(k)$ を割り当てる。荷重の総和を W とする。すなわち

$$W=\sum_{k=-K}^{K} w(k) \qquad (9.4)$$

3) 信号値が大きい順にその荷重 $w(k)$ を加えていく。

4) 荷重の和が $W/2$ を超えたときに，その荷重に対応する信号値を荷重メジアンフィルタの出力とする。

ここでわかるように，このアルゴリズムで計算すれば荷重 $w(k)$ は必ずしも整数でなくても，正であれば任意の実数でよい。

4. スタックフィルタ

メジアンフィルタや荷重メジアンフィルタを，信号の**しきい値分解**（threshold decomposition）という巧妙な手法で一般化したものが**スタックフィルタ**（stack filter）である。

信号系列が与えられたときに，**図9.8**に示すように，それぞれの信号値をいくつかのしきい値（threshold）で区切って，各レベルにおいて信号値がしきい値より大きければ1を，小さければ0を割り当てるものとする。これによってそれぞれのレベルにおいて信号系列は1と0の系列で表現される。これを信号のしきい値分解という。

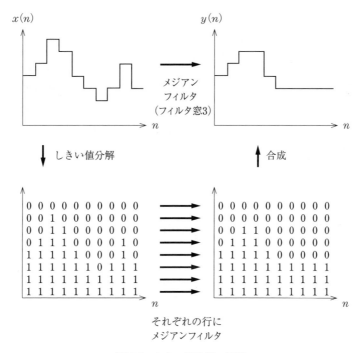

図9.8 しきい値分解の原理

例えば信号がM階調に量子化（例えば8ビット量子化であれば256レベル）されて，それぞれのレベルが0〜255の整数値で表現されているときは，それぞれの整数値に対応して，$M-1$通りの2値信号の系列が得られる。これを

$$x^{(m)}(n) \quad (m=1, 2, \cdots, M-1,\ x^{(m)}(n)は1または0)$$

と記すこととする。

次にこのそれぞれの2値信号の系列に対して，独立に長さ$2K+1$のメジアンフィルタ処理を行う。1と0の系列であるからメジアンフィルタ処理は，フィルタ窓内の1と0の数を調べて，多いほうを出力とすればよい。

最後に，このそれぞれの出力として得られた2値系列を加えることにより，フィルタとし

ての出力が合成される。すなわち

$$y(n) = \sum_{m=1}^{M-1} y^{(m)}(n) \qquad (ただし, \ y^{(m)}(n) は 1 または 0) \tag{9.5}$$

実はこのようにしきい値分解をしてから2値系列にメジアンフィルタ処理を施して再合成した信号は，もとの信号に対してそのまま長さ $2K+1$ のメジアンフィルタ処理した結果と等しい。これを**しきい値分解の原理**という。このしきい値分解の原理は，荷重メジアンフィルタや次節で述べるランクオーダーフィルタなどでも成り立つ。

このように信号を2値系列で表現すると，レベルごとの演算は必ずしもメジアン処理や荷重メジアン処理，ランクオーダー処理でなくてもよい。ある条件をみたせばブール関数に基づく2値論理演算でよい。この立場から導かれた非線形フィルタがスタックフィルタである。

スタックフィルタの設計はブール関数の設計に帰着される。これにより，例えば画像処理の分野では，特定の画像の構造を保存しつつフィルタ処理することが可能となる。メジアンフィルタなどの順序統計に基づくフィルタは，信号値の大きさによる並べ替えが必要になるが，スタックフィルタでは論理演算だけで実現されるので，ハードウェア化しやすいという特徴もある。

例えば，2値系列に対する長さ3のメジアンフィルタは，＋を論理和，・を論理積とすると，次の論理演算で実現される。

$$y^{(m)}(n) = x^{(m)}(n-1) \cdot x^{(m)}(n) + x^{(m)}(n) \cdot x^{(m)}(n+1) + x^{(m)}(n-1) \cdot x^{(m)}(n+1) \tag{9.6}$$

9.3 順序統計量に基づくフィルタ

1. 順序統計による信号の並べ替えとフィルタ処理

順序統計量（order statistic）とは，観測値をその大きさの順に大きいほうから（あるいは小さいほうから）並べて，その並び替えの関数として求められる統計量をいう。

この順序統計量に基づくフィルタは図 9.9 の構成で実現される。図において上段が入力してきた時間系列，下段が信号値の大きさによって並び替えられた系列である。ここでは右から信号値が大きい順に並べ替えられている。

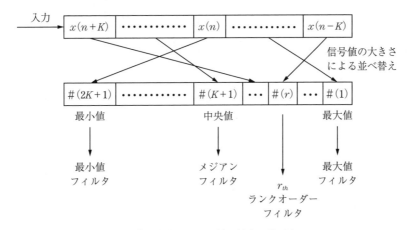

図 9.9 信号値の大きさによる並べ替えに基づくフィルタ

順序統計量に基づくフィルタは，この並べ替えられた信号の一つを出力する。どれを出力するかによって，次のようなフィルタが考えられる。

1) ちょうど真ん中のメジアン値（中央値）を出力するフィルタ。ただし，フィルタ窓の長さは $2K+1$ で奇数とする。これは前節で述べたメジアンフィルタである。
2) 一番右の最大値を出力するフィルタ。これは**最大値フィルタ**（max-filter）と呼ばれる。
3) 一番左の最小値を出力するフィルタ。これは**最小値フィルタ**（min-filter）と呼ばれる。
4) より一般に，r 番目に大きな値を出力するフィルタ。これは**ランクオーダーフィルタ**（ranked-order filter）と呼ばれている。

これはそれぞれ雑音の除去性能が異なっている。例えばインパルス性雑音の極性が正のときは最小値フィルタあるいは r が大きなランクオーダーフィルタが，逆に極性が負のときは

最大値フィルタあるいは r が小さなフィルタのほうが除去性能が高い。ランクオーダーフィルタは，雑音の性質に応じて r の値を切り替えながら動作させることができる。

2. 順序統計フィルタ

並べ替えられた系列のうちのどれか一つを出力するのではなく，それぞれに荷重をつけて，**図9.10**のような構成にしてもよい。これは**順序統計フィルタ**（order statistic filter）と名づけられている。

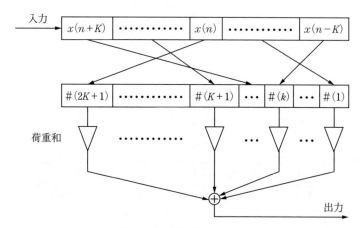

図9.10 順序統計フィルタ

この変形として，次のようなフィルタも提案されている。
1) 極端に大きい信号値と極端に小さい信号値は除いて，メジアン値のまわりの $2\alpha K$ 個の値のみの平均値を出力するフィルタ。ここに α は $0<\alpha<1$ として，αK は整数値とする。これは **α-トリムド平均値フィルタ**（α-trimmed mean filter）と呼ばれる。
2) 逆に最大値と最小値だけを取り出して，その平均を出力する**ミッドレンジフィルタ**（mid-range filter，ミッドポイントフィルタともいう）もある。

順序統計フィルタはすべての係数を等しくすると，並べ替えをしない線形の平均値フィルタと同じになる。これは小振幅雑音の除去性能はよいが，フィルタ窓内にインパルス性雑音などの極端に性質が異なる成分が含まれていると，平均をとったときにその影響が大きく出てしまう。α-トリムド平均値フィルタは，そのような極端な信号値を除いて平均するもので，小振幅雑音の除去性能がよい。もちろん極端な信号値を除いているので，インパルス性雑音も除去できる。

α-トリムド平均値フィルタと類似のフィルタとして，**DW-MTM フィルタ**（double window modified trimmed mean filter）と呼ばれているものがある。このフィルタでは，まずは狭いフィルタ窓で信号値のメジアン値をとり，これを基準値 $\text{med}(n)$ とする。次にフィルタ

窓を広げて，基準値 $\mathrm{med}(n) \pm q$ の範囲内にある信号値だけを取り出して，その平均を出力とする。

式で表現すれば

$$y(n) = \frac{1}{\sum\limits_{k} \beta_k} \sum_{k} \beta_k x(n-k) \tag{9.7}$$

ただし, $\beta_k = \begin{cases} 1 & (|x(n-k) - \mathrm{med}(n)| \leqq q) \\ 0 & (その他) \end{cases}$

となる。

　α–トリムド平均値フィルタと DW–MTM フィルタは，いずれもメジアン値を基準としてその値から隔たった信号値を除外して平均をとっている。α–トリムド平均値フィルタでは基準値（メジアン値）との隔たりをランク（大きさの順序）で比較して，固定された個数（αK）の信号値だけを取り出している。これに対して，DW–MTM フィルタでは $\pm q$ の範囲の信号値を取り出すので，個数は可変である。

　DW–MTM フィルタは，メジアン値を計算するフィルタ窓の長さと平均をとるときのフィルタ窓の長さが異なってもよいので，設計の自由度が高い。さらには q の値を制御することによって，エッジの保存性に優れたフィルタを実現することもできる。

9.4 ε フィルタ

ε（イプシロン）フィルタ（ε-filter）は，図 9.11 に示すように信号のおおまかな形状は変えずに，小振幅の雑音を除去することを目的として，原島と荒川によって提案された。この特徴は，フィルタ入力値と出力値の差を，あらかじめ定められた値である ε 以下に抑えながら，その範囲で小振幅の雑音を除くものである。これは，図 9.12 のように，振幅が ±ε 以内の小振幅成分とそれ以外の大振幅成分を分離するフィルタであるともいえる。これにより，例えば信号のエッジを保存した雑音除去ができる。しかも通常の線形フィルタに簡単な非線形操作を組み込むことによって実現されるので，ハードウェアによる実装も容易であるという特徴も持つ。

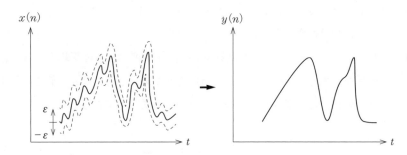

フィルタ入力の ±ε の範囲内でスムージングする。

図 9.11 ε フィルタの考え方 1

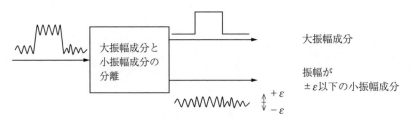

振幅が ±ε 以下の小振幅成分とそれ以外の大振幅成分を分離する。

図 9.12 ε フィルタの考え方 2

1. ε フィルタの原理

ε フィルタの基本形は，通常の線形フィルタ

$$y(n) = \sum_{k=-N}^{M} a_k x(n-k) \tag{9.8}$$

を変形することによって求められる．ここに，係数は

$$\sum_{k=-N}^{M} a_k = 1 \tag{9.9}$$

をみたすものとする．この条件のもとに，式(9.8)を変形すると

$$y(n) = x(n) + \sum_{k=-N}^{M} a_k(x(n-k) - x(n)) \tag{9.10}$$

この右辺の第2項に非線形関数 $F[\,\cdot\,]$ を導入して

$$y(n) = x(n) + \sum_{k=-N}^{M} a_k F[x(n-k) - x(n)] \tag{9.11}$$

としたものが ε フィルタである．ただし，非線形関数 $F[\,\cdot\,]$ は，その関数値の絶対値が

$$|F[x]| \leqq \varepsilon_0 \tag{9.12}$$

に抑えられているものとする．非線形関数 $F[x]$ の例を**図 9.13** に示す．

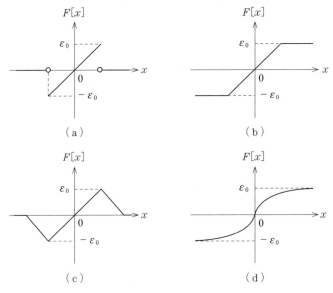

図 9.13 ε フィルタにおける非線形関数 $F[x]$ の例

式(9.11)において，入力 $x(n)$ と出力 $y(n)$ の差の絶対値を計算すると

$$|y(n) - x(n)| = \left| \sum_{k=-N}^{M} a_k F[x(n-k) - x(n)] \right|$$

$$\leqq \sum_{k=-N}^{M} |a_k| |F[x(n-k) - x(n)]| \leqq \varepsilon_0 \sum_{k=-N}^{M} |a_k| \tag{9.13}$$

これより，入力と出力の信号値の差が次式で定まる有限の値に抑えられていることがわかる。

$$\varepsilon = \varepsilon_0 \sum_{k=-N}^{M} |a_k| \qquad (9.14)$$

係数 a_k がすべて正であれば，$\varepsilon = \varepsilon_0$ となる。

ε フィルタはこの条件をみたしながら，$\pm\varepsilon$ 以下の小振幅の雑音を除去するフィルタである。$\varepsilon = \infty$ とすれば通常の線形フィルタとなり，$\varepsilon = 0$ とすれば入力信号がそのまま出力される。適切な ε を選ぶことによって信号の急峻なエッジを損なうことなく小振幅雑音を除去することができる。

2. ε フィルタの解釈

ε フィルタにおける非線形関数 $F[\cdot]$ は，処理の対象とする信号値 $x(n)$ とその前後の信号値 $x(n-k)$ の差信号，つまり

$$x(n) - x(n-k)$$

に対して作用している。これはどのような意味を持つのであろうか。

非線形関数 $F[\cdot]$ として図 9.13（a）の形を仮定して，この意味を考えてみよう。

式 (9.9) の条件のもとで式 (9.11) を変形して

$$y(n) = \sum_{k=-N}^{M} a_k(x(n) + F[x(n-k) - x(n)]) \qquad (9.15)$$

ここに

$$x'(n-k) = x(n) + F[x(n-k) - x(n)]$$
$$= \begin{cases} x(n-k) & (|x(n-k) - x(n)| \leq \varepsilon_0 \text{のとき}) \\ x(n) & (|x(n-k) - x(n)| > \varepsilon_0 \text{のとき}) \end{cases} \qquad (9.16)$$

とすると

$$y(n) = \sum_{k=-N}^{M} a_k x'(n-k) \qquad (9.17)$$

これより，ε フィルタでは，処理したい時点の信号値 $x(n)$ を基準として，その値から ε_0 以上離れた前後の信号値 $x(n-k)$ はすべて $x(n)$ に置き換えて新たな信号 $x'(n-k)$ を作り，それを入力として線形フィルタ処理を行っている。

この様子を**図 9.14** に示す。図の点 A を処理するときは，—・—のように信号を変換し，点 B を処理するときは—・・—のように信号を変換している。

言い換えれば，ε フィルタは前後の性質の違う信号値はあらかじめ除外して，その時点と比較的性質（この場合は信号レベル）が似ている信号だけを対象として，処理を行うフィルタである。これによって，信号の近辺にインパルスや急峻なエッジがあっても，その影響を

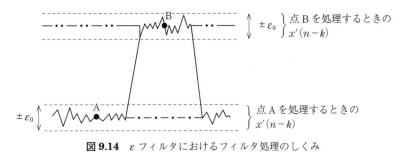

図 9.14 ε フィルタにおけるフィルタ処理のしくみ

受けずに小振幅雑音の平滑ができる。

 ε フィルタの処理例を**図 9.15** に示す。図（a）が小振幅雑音が加わった観測信号，そして図（b）が ε フィルタで処理した結果である。エッジを損なうことなく小振幅雑音が除かれていることがわかる。なお，ここでは大振幅のインパルスも信号とみなして保存しているが，メジアンフィルタのようにこれを除去するように ε フィルタを拡張することは容易である。

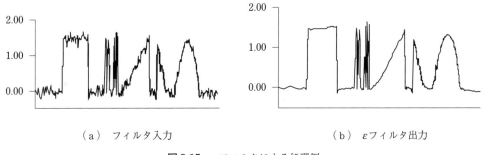

（a）フィルタ入力　　　　　　　　　　（b） ε フィルタ出力

図 9.15 ε フィルタによる処理例

3. ε フィルタの拡張

（1）メジアン値を基準とする ε フィルタ

 ε フィルタの基本形は，処理の対象とする $x(n)$ を基準信号値として，その基準信号値との差によって前後の信号値 $x(n-k)$ を分類して係数を制御していた。この $x(n)$ の代わりに，基準信号値を特別に定めて，その新たな基準信号値との差によって前後の信号値 $x(n-k)$ を分類することが考えられる。すなわち，新たな基準信号値を $\varphi[x(n)]$ とすると

$$y(n) = \varphi[x(n)] + \sum_{k=-N}^{M} a_k F[x(n-k) - \varphi[x(n)]] \tag{9.18}$$

一例として， $\varphi[x(n)]$ としてフィルタ窓内のメジアン値とすると，このフィルタによって小振幅雑音のみならず，インパルス性雑音もともに除去することができる。これは式

における係数a_kをみな等しくすると，前節で説明したDW-MTMフィルタと似た構成となる。

（2） 成分分離型εフィルタ

εフィルタの基本形では，基準となる信号値$x(n)$の$\pm\varepsilon$の範囲にある信号だけを用いて荷重平均をとるので，信号に傾斜があると加重平均をとる範囲が狭くなり，雑音除去性能が劣化する。このような場合は，前もってどの程度の傾斜であるか推定して，その傾斜を差し引いてから処理すればよい（理解度チェック9.2参照）。

このような傾斜は信号の低周波成分に含まれていることが多い。このことを考慮すると，あらかじめ低域通過フィルタで信号のなめらかな変化成分を抽出して，これを取り除いてからεフィルタで処理することも考えられる。この立場から**図9.16**に示す低域成分分離型εフィルタが提案されている。このような構成にしても，入力と出力の差を$\pm\varepsilon$以内に抑えながら小振幅雑音を除去できる。

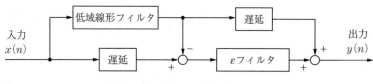

図9.16 低域成分分離型εフィルタ

（3） IIR型εフィルタ

これまで述べたフィルタはFIR型のフィードバックのない構成であるが，IIR型に拡張することもできる。その入出力関係は次式で与えられる。

$$y(n) = x(n-n_0) + \sum_{k=-N}^{M} a_k F_1[x(n-k) - x(n-n_0)]$$

$$- \sum_{l=1}^{L} b_l F_2[y(n-l) - x(n-n_0)] \tag{9.19}$$

ここに，n_0はフィルタにおける遅延であり，$x(n-n_0)$と出力$y(n)$の差が有限値以内に収まるように信号を平滑している。ただし，フィードバックのループ内に非線形要素があるので，リミットサイクルなどの非線形特有の現象を生じやすく，高次のフィルタを設計することは困難である。

このほかにもεカルマンフィルタや区分的線形フィルタ，ニューラルネットワーク型のεフィルタなど，さまざまな拡張がなされている。画像処理を目的として二次元に拡張することも容易に可能である。

9.5 その他の非線形フィルタ

1. 相乗性雑音に対するフィルタ

信号処理フィルタでは，観測信号が

$$x(n) = s(n) + v(n) \qquad (s(n):信号, v(n):雑音) \tag{9.20}$$

すなわち，信号に雑音が足し算の形で加わっていることが多い．これに対して

$$x(n) = s(n) \cdot v(n) \tag{9.21}$$

のように雑音あるいは信号の妨害要因が掛け算の形になっていることもあり得る．例えば画像に強い日光が当たっている部分と影となっている部分が含まれている場合は，この日の当たり方が妨害要因となっている．しかもその作用は式(9.21)のように掛け算の形になっている．このような雑音（妨害要因）を相乗性雑音と呼ぶこともある．

相乗性雑音を除くための一つのアイデアは，観測信号そのものの対数をとってしまうことである．これにより

$$\log x(n) = \log s(n) + \log v(n) \tag{9.22}$$

となり，式の形は加算になる．したがって対数化された信号と雑音の統計的性質が異なれば，通常の線形フィルタで雑音除去ができる．最後に逆変換 exp を適用して信号をもとに戻せばよい．**図9.17**にこの構成を示す．

図9.17 相乗性雑音に対するフィルタ

2. 準同型フィルタ

この考え方を拡張して，次のような準同型写像に基づくフィルタが提案された．すなわち，線形フィルタにおける重ね合わせの原理

$$\phi[a_1 \cdot x_1(n) + a_2 \cdot x_2(n)] = a_1 \cdot \phi[x_1(n)] + a_2 \cdot \phi[x_2(n)] \tag{9.23}$$

を一般化した関数

$$\phi[a_1 : x_1(n) \circ a_2 : x_2(n)] = a_1 \cdot \phi[x_1(n)] \circ a_2 \cdot \phi[x_2(n)] \tag{9.24}$$

を考え，この性質が成り立つフィルタを準同型フィルタ（homomorphic filter），略してHフィルタと呼ぶ．ここに，：と○はそれぞれスカラー倍・と加算＋を一般化した2項演算である．

このような2項演算が定義された信号空間が，ある数学的条件（ベクトル空間との同型性）をみたせば，Hフィルタの標準形が図9.18の構成となることが導かれている．図に示されているように，Hフィルタは無記憶型非線形変換ϕと線形フィルタL，およびϕの逆変換ϕ^{-1}の縦続接続の形で実現される．1.項で述べた相乗性雑音に対する処理は，非線形変換として対数変換$\log$としたものに相当している．

図9.18 準同型写像に基づくフィルタ（Hフィルタ）

このHフィルタを信号の非線形平均操作として実現したものに，**非線形平均値フィルタ**（nonlinear mean filter）がある．すなわち，図9.18における線形フィルタLの部分を（荷重）加算操作とみなすと，非線形関数ϕを次のように選ぶことにより，さまざまな非線形平均値フィルタが導かれる．

$$\phi[x] = \begin{cases} x \text{ のとき算術平均フィルタ（線形フィルタ）} \\ \log x \text{ のとき幾何平均フィルタ} \\ 1/x \text{ のとき調和平均フィルタ} \\ x^p \text{ のとき } L_p \text{ 平均フィルタ} \end{cases} \quad (9.25)$$

ここに算術平均フィルタは通常の線形フィルタである．また幾何平均フィルタは相乗性雑音を除くフィルタである．新たに得られたフィルタでは，$\phi[x]=x^p$とおいたL_p平均フィルタが，画像のエッジを保存した雑音除去に有効であるとされている．

3. ヴォルテラフィルタ

フィルタ出力$y(n)$が入力$x(n)$の非線形関数として一般的に表されるとき，出力$y(n)$は次式のような離散ヴォルテラ（Volterra）級数で記述することができる．

$$\begin{aligned} y(n) = & a_0 + \sum_k a_k x(n-k) \\ & + \sum_i \sum_j a_{ij} x(n-i) x(n-j) \\ & + \sum_i \sum_j \sum_k a_{ijk} x(n-i) x(n-j) x(n-k) + \cdots \end{aligned} \quad (9.26)$$

したがって，この次数を適当に定め，出力の推定誤差の二乗平均が最小になるようにそれぞれの項の係数を決定すれば，その範囲で最適な非線形フィルタが得られる．これを**ヴォル**

テラフィルタと呼ぶ．

ここに一次の項だけを取り出せば線形フィルタである．高次の項も含めればそれだけ非線形性が強いフィルタが得られるが，関連する項の数は急に多くなる．

4. 非線形フィルタを組み合わせたフィルタ

本章で説明した非線形フィルタはそれぞれ特徴があり，組み合わせることによってより優れた特性を持つフィルタを導くこともできる．

前節で説明したメジアン値を基準値とする ε フィルタはその一つである．そこでは，小振幅雑音の除去に適した ε フィルタと，インパルス性雑音の除去に適したメジアンフィルタの双方の特性があわせて実現されている．図 9.17 あるいは図 9.18 の準同型フィルタにおける線形フィルタ処理を，ε フィルタなどの非線形フィルタでおきかえることも考えられる．ε フィルタの考え方は順序統計フィルタと組み合わせることもできる．

5. 非線形適応フィルタ

非線形フィルタが**図 9.19** のような構成を持つときは，出力のフィルタ係数の制御に，前章で述べたフィルタ係数の適応アルゴリズムを適用できる．例えば，順序統計フィルタ，ε フィルタ，ヴォルテラフィルタなどである．これに加えて，ここでは触れることができなかったが，非線形適応フィルタとして，ニューラルネットワークを応用した構成もある．

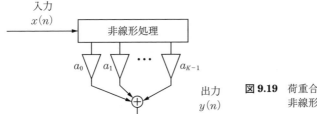

図 9.19 荷重合成によって出力される非線形フィルタ

6. 信号の構造に着目した非線形信号処理

非線形フィルタは画像処理の分野で使われることが多い．そこでは画像固有の特徴があり，その構造に着目した非線形信号処理手法も数多く提案されている．その一つとして，2 値画像からの特徴抽出などを目的とした**モルフォロジカル**（morphological）**信号処理**がある．2 値の図形を集合操作によって変形する理論体系としてモルフォロジーがあり，モルフォロジーフィルタでは，与えられた画像に対して，構造要素と呼ばれるオペレータを用いてモルフォロジー演算を施すことによってフィルタリング処理が行われている（詳細については，小畑「モルフォロジー」，コロナ社（1996），棟安，田口「非線形ディジタル信号処

理」，朝倉書店（1999）などを参照されたい）。

理解度チェック

9.1（非線形フィルタによる処理）
　図 **9.20** の系列を，フィルタ長3の線形移動平均フィルタ，メジアンフィルタ，ε フィルタで（机上で）処理して，それぞれのフィルタの特徴を考察せよ。ただし線形移動平均フィルタと ε フィルタの係数は

$$a_k = \frac{1}{3}$$

とおく。また ε フィルタは図 9.13（a）の非線形関数を採用するものとして，$\varepsilon = 2.5$ とせよ。さらには，二つの非線形フィルタ処理を組み合わせて，メジアンフィルタを施した後に ε フィルタで処理したときの出力も計算せよ。

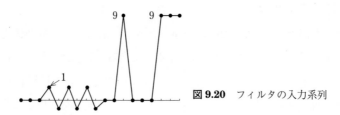

図 9.20　フィルタの入力系列

9.2（傾斜適応型 ε フィルタ）
　傾斜のある信号に小振幅雑音が付加されているときに ε フィルタを適用すると，その信号点 $x(n)$ から $\pm\varepsilon$ 以内にある前後の信号は限られてしまい，雑音の除去性能が劣化してしまう。これを避けるための一つの方法は，信号の傾斜を推定して，それを差し引いて処理を行うことである。すなわち傾斜の傾きを α として

$$y(n) = x(n) + \sum_{k=-N}^{M} a_k F[x(n-k) - x(n) - \alpha k]$$

とすればよい。傾き α を次の評価関数を最小にするように定めることとしたとき，最適な α はどのように表現されるか。

$$D = \sum_{k=-K}^{L} w(k) |x(n-k) - x(n) - \alpha k|^2 \quad (w(k) \geq 0)$$

10

エピローグ

概　要

　本書では不規則信号を扱うときの基礎と統計的
な信号処理フィルタについて学んできた。最後に
エピローグとして本書のまとめを行い，読者がこ
れまで学んできたことを振り返る手助けとする。

10.1 この本のまとめ

最後に本書で述べられていることの要点をまとめておこう。

本書の前半では，第1章「**不規則信号の基礎**」において，まずは不規則信号に関連する基礎概念を簡単に説明した。**不規則信号**は，確率統計現象として試行のたびに観測される事象が時間波形として与えられるものをいう。不規則信号は，それぞれの観測波形はみな違っているが，その背後には共通の**統計的性質**がある。その統計的性質は，その確率的な分布すなわち**結合確率密度関数**（有限次元分布）によってすべて記述される。これを特徴づけるパラメータ（変数）が**統計量**である。

統計量には，平均値などの一次の統計量，分散などの二次の統計量，そして高次の統計量があるが，実際の信号処理では二次までの統計量が重要である。この統計量は数多くの観測を行って全体の**集合平均**をとることによって求められるが，統計的性質が時間をずらしても変化しない**定常信号**では，一つの長時間の時間波形に基づいて，その**時間平均**をとってもよい。**エルゴード信号**では集合平均と時間平均は一致するので，信号処理は，与えられた不規則信号がエルゴード信号であると仮定（**エルゴード仮説**という）することが多い。

第2章と第3章は，二次の統計量として代表的な相関関数とスペクトルに関する章である。第2章「**相関関数とスペクトル**」では，まずは時間領域の二次統計量として**相関関数**（自己相関関数と相互相関関数）を定義した。また周波数領域の二次統計量として**スペクトル**（電力スペクトル密度と相互スペクトル密度）を定義した。ウィナー・ヒンチンの定理によれば，相関関数とスペクトルはたがいにフーリエ変換の関係にある。不規則信号が線形システムを通過したときのスペクトルや自己相関関数の関係も簡潔に表現される。

第3章「**スペクトル推定**」では，不規則信号からスペクトル（電力スペクトル密度）を具体的に推定する手法について述べている。これには，まずは相関関数を求め，フーリエ変換してスペクトルを求める手法（**相関関数法**）と，信号を直接フーリエ変換する手法（**ピリオドグラム法**），そして第三の手法として信号の等価な生成モデルを求めて，このモデルのパラメータを用いてスペクトルを推定する手法（**線形モデル法**）がある。相関関数法やピリオドグラム法では，安定な推定を行うために**ウィンドウ処理**を施す。線形生成モデルのうちで，自己回帰モデルを用いたスペクトル解析は，後の第7章で紹介するように美しい理論体系があり注目されている。

第4章「**信号のベクトル表現とその扱い**」は，いわば本書の前半と後半をつなげる章で，

スカラー信号を対象とした前半の議論を，**ベクトル信号**に拡張している。そこでは一次統計量として**平均値ベクトル**が，二次統計量として**共分散行列**が基本的な役割を果たす。これによって不規則信号のコンパクトな扱いが可能になる。実際に後半で紹介するカルマンフィルタや適応フィルタでは，ベクトル信号を対象として理論が展開されている。

本書の後半は，**統計的な信号処理フィルタ**を扱っている。その主たる目的は観測信号の雑音が含まれているときに影響を低減すること（**雑音除去**），さらには統計的性質に基づいて信号の将来の値を予想すること（**予測**）である。

この推定問題は 1940 年代にウィナーによって定式化された。特に所望信号との平均二乗誤差を最小にするフィルタはウィナーフィルタと呼ばれ，本書では第 5 章「**ウィナーフィルタ**」でその基本的な考え方を紹介した。この特徴は，信号と雑音の定常性を仮定して，周波数領域で最適な線形フィルタを導いている点にある。

これに対して 1960 年にカルマンによって時間領域で処理を行う画期的なフィルタが提案された。時間領域で扱うので，信号と雑音が定常でなくても，時間とともに統計的性質が変化してもよい（ただしその変化はあらかじめわかっているものとする）。第 6 章「**カルマンフィルタ**」では，このフィルタの構成がどのようになっているのかを中心に，その物理的意味も含めてできるだけわかりやすく解説した。

これとは別にウィナーフィルタそのものも，1960 年代に線形予測理論を中心に著しい発展をみせた。最適な線形予測フィルタを導くための**レヴィンソン・ダービンのアルゴリズム**，そして**格子型フィルタ**の提案などである。第 7 章「**線形予測理論と格子型フィルタ**」でも触れられているように，これはスペクトル推定（**最大エントロピー法**など）や音声の分析合成などの分野で広く応用されている。

以上述べたフィルタは，いずれも信号の統計的性質があらかじめわかっていることを前提としていた。また線形的な構成のフィルタを対象としていた。例えば，信号や雑音がガウス分布をしているときは，ウィナーフィルタやカルマンフィルタは，それぞれの仮定のもとで線形的な構成が最適になる。これらの条件が満たされていないときはどうなるであろうか。

信号と雑音の統計的性質が未知あるいは時間的に変動しているときは，その性質をつねに推定しながら適応的にフィルタの特性を変える必要がある。第 8 章「**適応フィルタとアルゴリズム**」では，二通りの適応アルゴリズム（LMS アルゴリズムと RLS アルゴリズム）を紹介して，適応フィルタの考え方を明らかにした。

信号や雑音がガウス分布をしていないとき，例えばインパルス性雑音の処理やエッジのある信号から雑音除去を行うときは，非線形的な構成のフィルタが有効になる。第 9 章「**非線形信号処理フィルタ**」では，**メジアンフィルタ**に代表される順序統計量に基づく処理，簡単

な構成でありながらエッジのある信号から小振幅雑音を除去できる **ε フィルタ**を中心に，代表的な非線形信号処理フィルタを紹介した。

いかがであろうか。ここで述べたことを素直に理解できれば，読者は信号処理の基礎をそれなりにマスターしたことになる。逆に，そうでない場合は，もう一度該当するページを読み直してほしい。冒頭にあげた本書の構成の図も参考になるであろう。

10.2 より詳しく学びたい読者のために

信号処理の基礎を解説した成書は多い。名著もある。その中で，本書の内容と関連していて，レベル的にも本書を学んだ読者が次に学ぶのに適している参考書をいくつか挙げておこう。

日野幹雄：スペクトル解析（新装版），朝倉書店（2010）

足立修一，丸田一郎：カルマンフィルタの基礎，東京電機大学出版局（2012）

S. ヘイキン 著，武部 幹 訳：適応フィルタ入門，現代工学社（1987）

雛元孝夫 監修，棟安実治，田口 亮 著：非線形ディジタル信号処理，朝倉書店（1999）

これに加えて，信号処理の理論を数学的にもきちんと身につけたい読者のために，次のシリーズを紹介しておく。

谷萩隆嗣 編：ディジタル信号処理ライブラリー 1〜10，コロナ社

特に本シリーズ 5 巻の，谷萩隆嗣：カルマンフィルタと適応信号処理（2005）は，本書の第6 章と第 8 章に関連が深い。

付　　　　録

A.1　信号波形解析の基礎

　不規則信号の解析は，まずは観測されたそれぞれの信号波形を解析することから始まる。

　以下では，そのような信号波形を解析するときの基礎的事項を説明する。すでにある程度の知識がある読者は，この節はとばしていただいてよい。ここでは復習の意味で簡潔に説明している。より詳しく学びたい読者は，例えば本書の姉妹書である拙著『信号解析教科書—信号とシステム—』（コロナ社）を参照していただきたい。

1. フーリエ変換

　図 A1.1 のように信号が時間的に連続な波形 $x(t)$ として与えられているとき，時間波形そのものでなく周波数領域で解析することも多い。そのとき，次の**フーリエ変換**と**フーリエ逆変換**が中心的な役割を果たす。

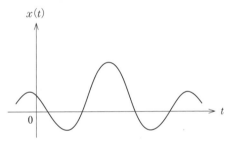

図 A1.1　連続時間信号

定義 A1.1（フーリエ変換と逆変換）

$$\text{フーリエ変換}：X(f) = \int_{-\infty}^{\infty} x(t) e^{-j2\pi ft} dt \tag{A1.1}$$

$$\text{フーリエ逆変換}：x(t) = \int_{-\infty}^{\infty} X(f) e^{j2\pi ft} df \tag{A1.2}$$

　このフーリエ逆変換の式 (A1.2) に着目してほしい。これは信号波形 $x(t)$ が，複素正弦波の合成となっていることを意味している。その係数が $X(f)$ である。ここに，複素正弦波は次式で定義される。

$$e^{j2\pi ft} = \cos 2\pi ft + j \sin 2\pi ft \quad (j = \sqrt{-1}) \tag{A1.3}$$

　フーリエ変換を用いると，**図 A1.2** のような連続時間線形システムの入出力関係の記述が簡単になる。すなわち，時間軸でこの入出力関係を記述すると，出力 $y(t)$ は入力 $x(t)$ とインパルス応答 $h(t)$ のたたみこみ積分

図 A1.2 に示すような連続時間線形システムにおいて、入力信号 $x(t)$ に対する出力信号 $y(t)$ は

$$y(t) = \int_{-\infty}^{\infty} h(\tau) x(t-\tau) d\tau \tag{A1.4}$$

となるが，フーリエ変換した周波数軸では，入力のフーリエ変換 $X(f)$ を単に伝達関数 $H(f)$ 倍するだけで出力のフーリエ変換 $Y(f)$ が得られる。すなわち

$$Y(f) = H(f) X(f) \tag{A1.5}$$

このとき，伝達関数 $H(f)$ とインパルス応答 $h(t)$ はフーリエ変換の関係にある。**図 A1.3** はこの関係を図で示したものである。

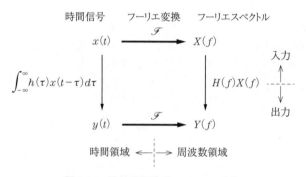

図 A1.3 連続時間線形システムの応答

また次の**パーセバルの等式**が成り立つ。

$$\int_{-\infty}^{\infty} |x(t)|^2 dt = \int_{-\infty}^{\infty} |X(f)|^2 df \tag{A1.6}$$

この左辺は波形全体のエネルギーであり，右辺はそれが周波数ごとに分解できることを示している。

2. 離散フーリエ変換

図 A1.4 のように，信号がとびとびの時間だけに値を持つ離散時間系列 $x(n)$ には，**離散フーリエ変換**（discrete Fourier transform，略して **DFT**）が定義される。

離散時間系列はコンピュータなどで解析しやすく，そこでは有限の長さ N の系列

$$x(0), x(1), \cdots, x(N-1)$$

を対象とすることが多い。このとき，標本化の時間間隔を T_0，周波数間隔を f_0 とおいて，式(A1.1) のフーリエ変換を離散化すると

$$X(kf_0) = \sum_{n=0}^{N-1} x(nT_0) e^{-j2\pi k f_0 n T_0} \cdot T_0 \tag{A1.7}$$

となり，ここで $f_0 T_0 = 1/N$ とおいて，$x(nT_0) \to x(n)$, $X(kf_0) \to X(k)$ とすると

$$X(k) = \sum_{n=0}^{N-1} x(n) e^{-j\frac{2\pi}{N}kn} \cdot T_0 \tag{A1.8}$$

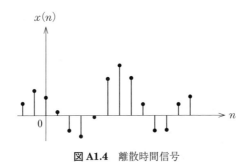

図 **A1.4** 離散時間信号

となる。この式で

$$W_N = e^{-j\frac{2\pi}{N}} \tag{A1.9}$$

とおいて，全体にかかっている係数 T_0 を省略したものが DFT である。すなわち，次のようになる。

定義 A1.2（離散フーリエ変換と逆変換）

$$\text{離散フーリエ変換}: X(k) = \sum_{n=0}^{N-1} x(n) W_N^{kn} \quad (k=0,1,\cdots,N-1) \tag{A1.10}$$

$$\text{離散フーリエ逆変換}: x(n) = \frac{1}{N}\sum_{k=0}^{N-1} X(k) W_N^{-kn} \quad (n=0,1,\cdots,N-1) \tag{A1.11}$$

$$\text{ただし，} W_N = e^{-j\frac{2\pi}{N}} \tag{A1.9}'$$

これは N 個の時間データから，同じ数の N 個の周波数データへの変換であって，コンピュータで効率的に計算する**高速フーリエ変換**（fast Fourier transform，略して **FFT**）アルゴリズムが知られている。

この離散フーリエ変換を用いると，入力と出力がともに離散時間信号であるシステム（**図 A1.5**）の入出力関係は次のように与えられる。すなわち，線形システムの入力と出力を $x(n)$，$y(n)$，その離散フーリエ変換をそれぞれ $X(k)$，$Y(k)$ とすると

$$y(n) = \sum_{l=0}^{N-1} h(l)\, x(n-l) \quad (n=0,1,\cdots,N-1) \tag{A1.12}$$

$$Y(k) = H(k)\, X(k) \quad (k=0,1,\cdots,N-1) \tag{A1.13}$$

ここに $h(n)$ は単位パルス応答，$H(k)$ はシステムの伝達関数で，両者は離散フーリエ変換の関係にある。ここに，式 (A1.12) は $x(n)$ を周期 N で周期化した循環たたみこみとする。**図 A1.6** はこれ

図 **A1.5** 離散時間線形システム

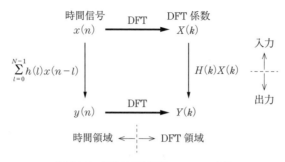

図A1.6 離散時間線形システムの応答

らの関係を図示したものである。

離散フーリエ変換でも次のパーセバルの等式が成り立つ。

$$\sum_{n=0}^{N-1} |x(n)|^2 = \frac{1}{N} \sum_{k=0}^{N-1} |X(k)|^2 \tag{A1.14}$$

3. ラプラス変換

連続時間信号のフーリエ変換の親戚筋に**ラプラス変換**（Laplace transform）がある。フーリエ変換は信号を周波数領域で解析するときの有力なツールであるが，ラプラス変換はシステムの挙動（例えば過渡現象）を解析するときに威力を発揮する。これは次のように定義される。

定義A1.3（ラプラス変換と逆変換）

$$\text{ラプラス変換}: X(s) = \int_0^\infty x(t) e^{-st} dt \tag{A1.15}$$

$$\text{ラプラス逆変換}: x(t) = \frac{1}{2\pi j} \int_C X(s) e^{st} ds \tag{A1.16}$$

ただし，Cは**図A1.7**の収束域内の積分路である。

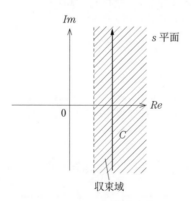

図A1.7 ラプラス逆変換の積分路

ここに s は実部が α,虚部が $j\omega(=j2\pi f)$ の複素数,すなわち $s = \alpha + j2\pi f$ である.このラプラス変換は,形の上ではフーリエ変換の $j\omega$ を一般的な複素数 s に拡大し,時間 t の積分範囲を $0\sim\infty$ に限定したものになっている.

s を複素数とすることにより,$x(t)$ を構成する基本波形を単なる正弦波ではなく,より広く指数的に増大または減衰する正弦波,あるいは指数関数($f=0$ のとき)

$$e^{st} = e^{(\alpha+j2\pi f)t} = e^{\alpha t} e^{j2\pi ft} \tag{A1.17}$$

に拡大しており,システムの多様な挙動の記述を可能としている.

ラプラス変換の積分範囲が $0\sim\infty$ となっているのは,応答が時間的に正の範囲に限られている因果性のあるシステムを対象としているからである.これは片側ラプラス変換と呼ばれる.積分範囲を $-\infty < t < \infty$ とした両側ラプラス変換を定義することもできる.

4. z 変換

ラプラス変換を離散時間システムへ拡張したものが z 変換である.これは次のように定義される.

定義 A1.4(z 変換と逆変換)

$$z\text{変換}: X(z) = \sum_{n=0}^{\infty} x(n) z^{-n} \tag{A1.18}$$

$$\text{逆}z\text{変換}: x(n) = \frac{1}{2\pi j} \oint_C X(z) z^{n-1} dz \tag{A1.19}$$

ただし,C は図 A1.8 の収束域での周回積分の積分路

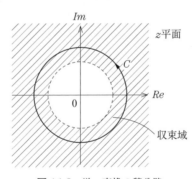

図 A1.8 逆 z 変換の積分路

ここに標本周期を T_0 として,$z = e^{sT_0}$ とおけば,z 変換はラプラス変換と一致する.この z 変換は,離散時間システムを構築し,その特性を調べるときの有力なツールとなる.例えば,入出力の関係が

$$y(n) = \sum_{k=0}^{K} a_k x(n-k) - \sum_{l=1}^{L} b_l y(n-l) \tag{A1.20}$$

で与えられるシステムの伝達関数は

$$H(z) = \frac{a_0 + a_1 z^{-1} + a_2 z^{-2} + \cdots + a_K z^{-K}}{1 + (b_1 z^{-1} + b_2 z^{-2} + \cdots + b_L z^{-L})} \tag{A1.21}$$

となる.この式で $z^{-1} = e^{-sT_0}$ は 1 タイムスロットの遅延を意味するから,これを遅延素子として表

表A1.1　信号解析で用いられる基本的な変換

変換	信号	変換と逆変換	システムの入出力関係	適用
フーリエ変換	連続時間信号号 $x(t)$ $(-\infty<t<\infty)$	$X(f)=\displaystyle\int_{-\infty}^{\infty}x(t)e^{-j2\pi ft}dt$ $x(t)=\displaystyle\int_{-\infty}^{\infty}X(f)e^{j2\pi ft}df$	$y(t)=\displaystyle\int_{-\infty}^{\infty}h(\tau)x(t-\tau)d\tau$ $Y(f)=H(f)X(f)$	連続時間信号の周波数解析
離散フーリエ変換 (DFT)	有限個の離散時間信号 $x(n)$ $(n=0,1,\cdots,N-1)$	$X(k)=\displaystyle\sum_{n=0}^{N-1}x(n)W_N^{nk}$ $x(n)=\dfrac{1}{N}\displaystyle\sum_{k=0}^{N-1}X(k)W_N^{-nk}$ ただし，$W_N=e^{-j\frac{2\pi}{N}}$	$y(k)=\displaystyle\sum_{k=0}^{\infty}h(k)x(n-k)$ 　循環たたみこみ $Y(k)=H(k)X(k)$ $(k=0,1,\cdots,N-1)$	離散時間信号の周波数解析
ラプラス変換 (片側)	時間が正の連続時間信号 $x(t)$ $(t\geq0)$	$X(s)=\displaystyle\int_0^{\infty}x(t)e^{-st}dt$ $x(t)=\dfrac{1}{2\pi j}\displaystyle\int_C X(s)e^{st}ds$ C：収束域内の積分路（下記1）	$y(t)=\displaystyle\int_0^t h(\tau)x(t-\tau)d\tau$ $Y(s)=H(s)X(s)$	連続時間システムの応答の解析
z変換 (片側)	時間が正の離散時間信号 $x(n)$ $(n\geq0)$	$X(z)=\displaystyle\sum_{n=0}^{\infty}x(n)z^{-n}$ $x(n)=\dfrac{1}{2\pi j}\displaystyle\oint_C X(z)z^{n-1}dz$ C：収束域の周回積分（下記2）	$y(n)=\displaystyle\sum_{k=0}^{\infty}h(k)x(n-k)$ 　直線たたみこみ $Y(z)=H(z)X(z)$	離散時間システムの応答の解析
備考	連続時間信号 離散時間信号	1　ラプラス逆変換の積分路 s平面，収束域，Im，Re 2　逆z変換の積分路 z平面，収束域，Im，Re	連続時間システム $x(t)$ → インパルス応答 $h(t)$ → $y(t)$ 離散時間システム $x(n)$ → 単位パルス応答 $h(n)$ → $y(n)$	

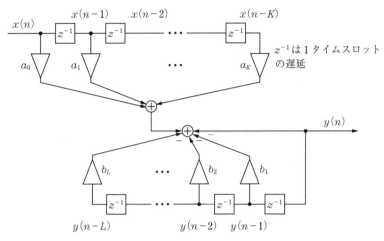

図 A1.9 離散時間線形システムの構成

示すれば，式の伝達関数は**図 A1.9** の回路構成と対応することがわかる．

なお，式(A1.18)の総和の範囲は，因果性のあるシステムを対象としているので，$n=0 \sim \infty$ となっている．これを $n = -\infty \sim \infty$ に拡張した両側 z 変換も定義されている．

表 A1.1 は，ここで紹介した基本的な変換（フーリエ変換，離散フーリエ変換，ラプラス変換，z 変換）のまとめである．

A.2 確率の基礎

不規則信号の振る舞いを理解するためには，確率論の基礎知識が必要とされる．以下，不規則変数を対象としてその概要をまとめておく．

1. 不規則変数の確率分布
（1） 確率分布関数と確率密度関数

不規則変数 X（ここでは不規則変数を通常の変数と区別するために大文字 X で表すこととする）が与えられたとき，$X \leq x$ となる確率

$$P(x) = \text{Prob}\{X \leq x\} \tag{A2.1}$$

で定義される関数 $P(x)$ を，不規則変数 X の**確率分布関数**（probability distribution function）という．また X が微小区間 $x-\Delta \leq X < x+\Delta$ に入る確率に基づいて定義される

$$p(x) = \lim_{\Delta \to 0} \frac{1}{2\Delta} \text{Prob}\{x-\Delta \leq X < x+\Delta\} \tag{A2.2}$$

を不規則変数 X の**確率密度関数**（probability density function）という．これは確率分布関数と

$$p(x) = \frac{d}{dx}P(x) \tag{A2.3}$$

なる関係にある．

（2） 統計量

確率密度関数を特徴づける統計量として次のようなものがある．

・期待値（平均値）：$E[X] = \displaystyle\int_{-\infty}^{\infty} x p(x) dx = m$ (A2.4)

・n次モーメント：$E[X^n] = \displaystyle\int_{-\infty}^{\infty} x^n p(x) dx = m_n$ (A2.5)

・n次中心モーメント：$E[(x-m)^n] = \displaystyle\int_{-\infty}^{\infty} (x-m)^n p(x) dx = \mu_n$ (A2.6)

ここに，$\mu_0 = 1$，$\mu_1 = 0$，$\mu_2 = E[(x-m)^2] = \sigma^2$：分散（$\sigma$：標準偏差）である。

（3） 特性関数

確率密度関数$p(x)$をフーリエ変換（厳密には逆変換）した

$$\phi_x(ju) = \int_{-\infty}^{\infty} p(x) e^{jux} dx$$ (A2.7)

を$p(x)$の**特性関数**（characteristic function）という。これはe^{jux}の期待値

$$\phi_x(ju) = E[e^{jux}]$$ (A2.8)

であると解釈してもよい。

この特性関数をテーラー級数展開

$$\phi_x(ju) = 1 + m_1(ju) + \frac{m_2}{2!}(ju)^2 + \cdots + \frac{m_n}{n!}(ju)^n + \cdots$$ (A2.9)

すると，その係数m_nはXのn次モーメントに等しい。したがって，特性関数よりn次モーメントを容易に計算できる。逆にいえば，少なくともn次モーメントがすべて与えられれば特性関数と確率密度関数は一意に定まる。

（4） 代表的な確率分布

表 A2.1 に示す。

表 A2.1 代表的な確率分布

確率密度関数	分布の形	平均値，分散，特性関数
定数（単位分布） $p(x) = \delta(x-m)$		平均値：m 分 散：$\sigma^2 = 0$ 特性関数： $\phi_x(ju) = e^{jum}$
一様分布 $p(x) = \begin{cases} \dfrac{1}{b-a} & (a \leq x < b) \\ 0 & (\text{その他}) \end{cases}$		$m = \dfrac{a+b}{2}$ $\sigma^2 = \dfrac{(b-a)^2}{12}$ $\phi_x(ju) = \dfrac{1}{ju(b-a)}(e^{jub} - e^{jua})$
ガウス分布（正規分布） $p(x) = \dfrac{1}{\sqrt{2\pi\sigma^2}} e^{-\frac{(x-m)^2}{2\sigma^2}}$		m，σ^2が$p(x)$の定義式に含まれていて，これが$p(x)$の形を決めている。 $\phi_x(ju) = e^{jum} e^{-\frac{u^2\sigma^2}{2}}$

その他，ポアソン分布，二項分布，χ^2分布など

（5）　不規則変数列の収束

不規則変数列 X_1, X_2, … が与えられたとき，値 X への収束に関して次のような定義がある。すなわち任意の $\varepsilon > 0$ に対して

・**確率収束**（convergence in probability）：

$$\lim_{n \to \infty} \text{Prob}\{|X_n - X| > \varepsilon\} = 0 \tag{A2.10}$$

これを $P \lim X_n = X$ と記す。

・**概収束**（almost certain convergence）：

$$\text{Prob}\left\{\lim_{n \to \infty} |X_n - X| > \varepsilon\right\} = 0 \tag{A2.11}$$

これを $\lim_{n \to \infty} X_n = X$（確率 1）と記し，確率 1 で収束するともいう。

・**平均収束**（mean convergence）：

$$\lim_{n \to \infty} E\{|X_n - X|^2\} = 0 \tag{A2.12}$$

これを l.i.m. $X_n = X$ と記す。l.i.m. は limit in the mean の略である。

2.　不規則変数の和の分布

（1）　和の確率分布

不規則変数 X_1 と X_2 が，たがいに統計的独立であるとする。

このとき，和 $y = x_1 + x_2$ の分布は，それぞれの分布のたたみこみ積分となる。すなわち

$$p_y(y) = \int_{-\infty}^{\infty} p_{x_1}(y - x) p_{x_2}(x) \, dx \tag{A2.13}$$

これをフーリエ変換すると，和の分布の特性関数は，それぞれの特性関数の積になる。

$$\phi_y(ju) = \phi_{x_1}(ju) \cdot \phi_{x_2}(ju) \tag{A2.14}$$

一般に n 個のたがいに独立な不規則変数の和の分布ならびに特性関数は次のようになる。
$y = x_1 + x_2 + \cdots + x_n$ とすると

$$p_y(y) = p_{x_1}(x_1) \otimes p_{x_2}(x_2) \otimes \cdots \otimes p_{xn}(x_n) \qquad (\otimes \text{たたみこみ積分}) \tag{A2.15}$$

$$\phi_y(ju) = \phi_{x_1}(ju) \cdot \phi_{x_2}(ju) \cdots \phi_{x_n}(ju) \tag{A2.16}$$

（2）　大数の法則と中心極限定理

不規則変数の和の分布の極限として次の二つの法則（定理）が成り立つ。

・**大数の法則**（law of large numbers）：

同一の分布（平均 m，分散 σ^2）に従うたがいに統計的独立な n 個の不規則信号が与えられたとき，その平均値

$$y_n = \frac{1}{n}(x_1 + x_2 + \cdots + x_n) \tag{A2.17}$$

は，$n \to \infty$ のとき平均 m に収束する（確率収束するときは大数の弱法則，概収束するときは大数の強法則という）。

・**中心極限定理**（central limit theorem）：

同一の分布に従うたがいに統計的独立な不規則変数信号の和の分布は，分布関数として正規分布

（ガウス分布）に収束する。

3. 不規則変数の結合確率分布

確率分布は，n 個の変数の結合確率分布に拡張される。

（1） 結合確率分布関数と結合確率密度関数

・結合確率分布関数：

$$P(x_1, x_2, \cdots, x_n) = \mathrm{Prob}\{X_1 \leqq x_1, X_2 \leqq x_2, \cdots, X_n \leqq x_n\} \tag{A2.18}$$

・結合確率密度関数：

$$p(x_1, x_2, \cdots, x_n) = \frac{\partial}{\partial x_1 \partial x_2 \cdots \partial x_n} P(x_1, x_2, \cdots, x_n) \tag{A2.19}$$

いずれも n 変数の関数として定義される。

（2） 統計量

・結合モーメント $(n=2)$：

$$E[X_1^k X_2^l] = \int_{-\infty}^{\infty} \int_{-\infty}^{\infty} x_1^k x_2^l p(x_1, x_2) dx_1 dx_2 = m_{kl} \tag{A2.20}$$

・結合中心モーメント $(n=2)$：

$$E[(X_1 - E[X_1])^k (X_2 - E[X_2])^l] = \mu_{kl} \tag{A2.21}$$

特に $k=l=1$ のときは共分散となる。

（3） 特性関数

特性関数は，結合確率密度関数の多次元フーリエ変換（逆変換）として定義される。

$$\phi_{X_1 X_2 \cdots X_n}(ju_1, ju_2, \cdots, ju_n)$$
$$= \int_{-\infty}^{\infty} \int_{-\infty}^{\infty} \cdots \int_{-\infty}^{\infty} p(x_1, x_2, \cdots, x_n) e^{j(u_1 x_1 + u_2 x_2 + \cdots + u_n x_n)} dx_1 dx_2 \cdots dx_n \tag{A2.22}$$

これを多次元テーラー展開したときの係数は，結合モーメントになる。

4. 統計的独立と無相関

（1） 統計的独立

二つの不規則変数 X_1 と X_2 が与えられて

$$p(x_1, x_2) = p(x_1) p(x_2) \tag{A2.23}$$

をみたすとき，X_1 と X_2 は**統計的独立**（statistically independent）であるという。このとき，すべての k, l に対して結合モーメントは

$$E[X_1^k X_2^l] = E[X_1^k] E[X_2^l] \tag{A2.24}$$

となる。

（2） 無相関

二つの不規則変数の間の共分散 μ_{11} が 0 であるとき，X_1 と X_2 は**無相関**（uncorrelated）であるという。このとき

$$E[X_1 X_2] = E[X_1] E[X_2] \tag{A2.25}$$

となる。すなわち，統計的独立の式(A2.24)の $k=l=1$ の場合のみが成立すればよい。

したがって，統計的独立であれば無相関であるが，逆は必ずしも成り立たない。

A.3　因果性をみたすウィナーフィルタの導出

ウィナー・ホッフ方程式

$$\int_0^\infty h(\tau)\varphi_{yy}(t-\tau)d\tau = \varphi_{yd}(t) \qquad (t \geq 0) \tag{A3.1}$$

を厳密に解いて，因果性すなわち

$$h(\tau) = 0 \qquad (\tau < 0) \tag{A3.2}$$

をみたすウィナーフィルタを求める。

（1）　因果性をみたすシステムの伝達関数

準備として，次の補助定理を証明する。これは因果性をみたすシステムの伝達関数がどのようになっているかを示すものである。なお，これからの説明は複素関数論の知識をある程度必要とする。

> **補助定理**
> 伝達関数 $H(f)$ に $s = j2\pi f$ を代入して得られた複素関数を $H(s)$ とする。図 A3.1 に示すように，この $H(s)$ が s 平面の右半面内で正則であれば，インパルス応答は因果性 $h(t) = 0$ $(t < 0)$ をみたす。逆に $H(s)$ が左半面内で正則であれば，インパルス応答は $h(t) = 0$ $(t > 0)$ をみたす。ここに正則とは，その領域において特異点（極）がないことを意味する。

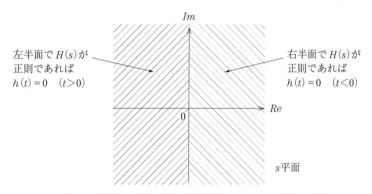

図 A3.1　s 平面における $H(s)$ の正則性とインパルス応答の関係

【補助定理の略証】　$s = j2\pi f$ とおくことにより，フーリエ逆変換式は

$$h(t) = \frac{1}{2\pi j}\int_{-j\infty}^{j\infty} H(s)e^{-st}ds \tag{A3.3}$$

となる。これは s 平面で虚軸上を複素積分することによって計算される（これは数学的には，フーリエ変換を虚軸上で収束する両側ラプラス変換に拡張して，その逆変換を複素積分によって求めることに相当している）。

ここで $t < 0$ を仮定して，虚軸上の積分路 Γ_0 に半径が無限大の半円上の積分路 Γ_1 をつけ加えて，右半面全体を覆う周回積分を考える（図 A3.2（a））。Γ_1 上の積分は，ジョルダンの補助定理によって，$|s| \to \infty$，$H(s) \to 0$ のときに 0 となるから無視できて，虚軸上の式(A3.3)の計算は，$\Gamma_0 + \Gamma_1$ の周回積分によって計算できる。そしてこの周回積分は右半面全体で $H(s)$ が正則

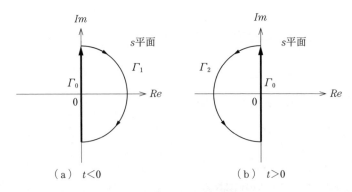

(a) $t<0$ (b) $t>0$

Γ_1, Γ_2の積分路は半径∞とする。

図 A3.2 式(A3.3)を計算する積分路

のとき0となる。したがって

$$h(t) = 0 \quad (t<0) \tag{A3.4}$$

一方，$t>0$のときは，やはりジョルダンの補助定理によって，式(A3.3)は左半面全体を覆う周回積分（図A3.2（b））になるから，左半面全体で$H(s)$が正則のとき，この周回積分の値は0となる。したがって

$$h(t) = 0 \quad (t>0) \tag{A3.5}$$

これで補助定理が成り立つことが示された。　　　　　　　　　　　　　　（略証終わり）

図 **A3.3** に簡単な例を示す。図にある$h_1(t)$は$t>0$でのみ応答を持つが，対応する伝達関数$H_1(s)$はs平面の右半面で正則である。逆に$t<0$でのみ応答を持つ$h_2(t)$に対応する伝達関数$H_2(s)$はs平面の左半面で正則である。

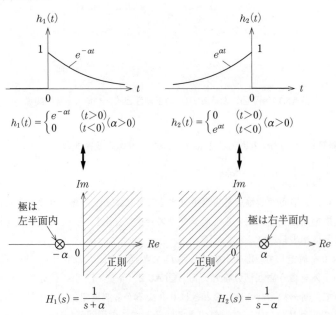

図 A3.3 時間軸で正負のいずれかのみで応答を持つシステムのs領域伝達関数

（2） 因果性をみたすウィナーフィルタの導出

以上の準備のもとで，因果性をみたすウィナーフィルタを導く。

式(A3.1)のウィナー・ホッフ方程式で面倒なところは，右辺＝0 が $-\infty < \tau < \infty$ ではなく，$\tau \geqq 0$ のみで成り立てばよいことであった。そこで

$$q(t) = 0 \qquad (t \geqq 0) \tag{A3.6}$$

となる関数 $q(t)$ を新たに導入して，ウィナー・ホッフ方程式を次のように表現することにしよう。

$$\int_0^\infty h(\tau)\varphi_{yy}(t-\tau)d\tau - \varphi_{yd}(t) = q(t) \tag{A3.7}$$

この両辺をフーリエ変換すると，$Q^-(f)$ を $t<0$ のみで値を持つ $q(t)$ のフーリエ変換として

$$H(f)\Phi_{yy}(f) - \Phi_{yd}(f) = Q^-(f) \tag{A3.8}$$

$$\text{ただし,} \; Q^-(f) = \int_{-\infty}^0 q(t)e^{-j2\pi ft}dt \tag{A3.9}$$

ここで，$s=j2\pi f$ とおいて，変数 f を変数 s に変換して $\Phi_{yy}(s)$ を次のように分割する。

$$\Phi_{yy}(s) = \Phi_{yy}^+(s)\Phi_{yy}^-(s) \tag{A3.10}$$

ここに，$\Phi_{yy}^+(s)$ は s 平面の左半面内のみに極と零点を持つ項，$\Phi_{yy}^-(s)$ は右半面内のみに極と零点を持つ項である。すなわち，$\Phi_{yy}(s)$ の極と零点を，式(A3.10)によって左半面と右半面に分配している。

ここで変数をふたたび f に戻すと

$$\Phi_{yy}(f) = \Phi_{yy}^+(f)\Phi_{yy}^-(f) \tag{A3.11}$$

となる。これを用いて式(A3.8)の両辺を $\Phi_{yy}^-(f)$ で割り，それぞれの項をフーリエ逆変換する。

$$H(f)\Phi_{yy}^+(f) - \frac{\Phi_{yd}(f)}{\Phi_{yy}^-(f)} = \frac{Q^-(f)}{\Phi_{yy}^-(f)} \tag{A3.12}$$

$$\downarrow \qquad\qquad \downarrow \qquad\quad \downarrow$$

$$a(t) \qquad - \quad b(t) \quad = \quad c(t) \tag{A3.13}$$

ここで，式(A3.12)の左辺第 1 項 $H(f)\Phi_{yy}^+(f)$ は，$f \to s$ としたときに右半面内で正則（極がない）であるから，そのフーリエ逆変換は

$$a(t) = 0 \qquad (t<0) \tag{A3.14}$$

となる。同様にして，式(A3.12)の右辺 $Q^-(f)/\Phi_{yy}^-(f)$ は，$f \to s$ としたときに左半面内では正則であるから

$$c(t) = 0 \qquad (t>0) \tag{A3.15}$$

となる。

一方で，式(A3.12)の残りの左辺第 2 項の $\Phi_{yd}(f)/\Phi_{yy}^-(f)$ は，左右両半面に極を持つから，対応する $b(t)$ は $-\infty \sim +\infty$ で値を持つ。そこでこれを $t>0$ と $t<0$ に分解して

$$b(t) = b^+(t) + b^-(t) \tag{A3.16}$$

ただし

$$b^+(t) = \begin{cases} b(t) & (t>0) \\ 0 & (t<0) \end{cases} \tag{A3.17}$$

$$b^-(t) = \begin{cases} 0 & (t>0) \\ b(t) & (t<0) \end{cases} \tag{A3.18}$$

とおくことにする。このとき式(A3.13)は次のようになる。

$$a(t) - (b^+(t) + b^-(t)) = c(t) \tag{A3.19}$$

このそれぞれの波形を図 **A3.4** に示す。図より明らかなように，これらが式(A3.19)をみたすためには，$t>0$ で $a(t)$ と $b^+(t)$ が，$t<0$ で $-c(t)$ と $b^-(t)$ がそれぞれ対応していなければならない。すなわち

$$a(t) = b^+(t) \tag{A3.20}$$
$$-c(t) = b^-(t) \tag{A3.21}$$

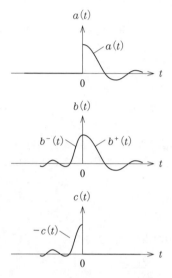

図 A3.4 $a(t)$, $b(t)$, $c(t)$ の関係

ここで重要なのは式(A3.20)の $a(t) = b^+(t)$ である。この両辺をそれぞれフーリエ変換すると

$$\int_0^\infty a(t) e^{-j2\pi ft} dt = H(f)\varPhi_{yy}{}^+(f) \tag{A3.22}$$

$$\int_0^\infty b^+(t) e^{-j2\pi ft} dt = \int_0^\infty b(t) e^{-j2\pi ft} dt$$
$$= \int_0^\infty \left[\int_{-\infty}^\infty \frac{\varPhi_{yd}(\lambda)}{\varPhi_{yy}{}^-(\lambda)} e^{j2\pi\lambda t} d\lambda \right] e^{-j2\pi ft} dt \tag{A3.23}$$

したがって，次の等式が成立する。

$$H(f)\varPhi_{yy}{}^+(f) = \int_0^\infty \left[\int_{-\infty}^\infty \frac{\varPhi_{yd}(\lambda)}{\varPhi_{yy}{}^-(\lambda)} e^{j2\pi\lambda t} d\lambda \right] e^{-j2\pi ft} dt \tag{A3.24}$$

これより

$$H(f) = \frac{1}{\varPhi_{yy}{}^+(f)} \int_0^\infty \left[\int_{-\infty}^\infty \frac{\varPhi_{yd}(\lambda)}{\varPhi_{yy}{}^-(\lambda)} e^{j2\pi\lambda t} d\lambda \right] e^{-j2\pi ft} dt \tag{A3.25}$$

この伝達関数は，対応する $H(s)$ が右半面内で正則であるから因果性をみたす。こうして，式(A3.1)のウィナー・ホッフ方程式をみたす伝達関数が導かれた。これが本文の式(5.48)である。

なお，式(A3.25)は次のようにも表現できる。すなわち，$b^+(t)$ は $\varPhi_{yd}(f)/\varPhi_{yy}{}^-(f)$ のフーリエ逆

変換 $b(t)$ の $t>0$ の部分をとったものであるから，$b^+(t)$ のフーリエ変換を

$$\left[\frac{\Phi_{yd}(f)}{\Phi_{yy}^-(f)}\right]_+ = \int_0^\infty \left[\int_{-\infty}^\infty \frac{\Phi_{yd}(\lambda)}{\Phi_{yy}^-(\lambda)} e^{j2\pi\lambda t} d\lambda \right] e^{-j2\pi ft} dt \tag{A3.26}$$

と記すことにすると，式(A3.25)は

$$H(f) = \frac{1}{\Phi_{yy}^+(f)} \left[\frac{\Phi_{yd}(f)}{\Phi_{yy}^-(f)}\right]_+ \tag{A3.27}$$

となり，これが最適なウィナーフィルタの伝達関数の別表現となる。**図A3.5** はこの構成を示したものである。

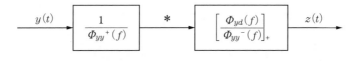

白色化フィルタ　　　　インパルス応答 $b^+(t)$ のフィルタ

図A3.5 因果性をみたすウィナーフィルタの構成

なお，電力スペクトル密度 $\Phi_{yy}(f)$ は偶関数であるから，その逆フーリエ変換も偶関数となり，その正負それぞれのフーリエ変換は一般に

$$|\Phi_{yy}^+(f)| = |\Phi_{yy}^-(f)| \tag{A3.28}$$

が成り立つ。これは

$$\Phi_{yy}(f) = |\Phi_{yy}^+(f)\Phi_{yy}^-(f)| = |\Phi_{yy}^+(f)|^2 = |\Phi_{yy}^-(f)|^2 \tag{A3.29}$$

であることを意味し，これより図A3.5 の $1/\Phi_{yy}^+(f)$ の出力（図の＊点）の電力スペクトル密度は

$$\Phi_{yy}(f) \cdot \left|\frac{1}{\Phi_{yy}^+(f)}\right|^2 = 1 \tag{A3.30}$$

となる。これより図A3.5 の前段部分の $1/\Phi_{yy}^+(f)$ は，入力 $y(t)$ の白色化フィルタとなっていることがわかる。

（3） ウィナーの予測フィルタ

式(A3.25)の特別な場合として，**図A3.6** の予測フィルタを考えよう。

Δ 時点先の $x(t+\Delta)$（$\Delta>0$）を予測する。

図A3.6 予測フィルタ

この場合は雑音がなく，フィルタの入力 $y(t)$ と所望信号 $d(t)$ は次式で与えられる。

$$y(t) = x(t) \tag{A3.31}$$
$$d(t) = x(t+\Delta) \quad (\Delta>0) \tag{A3.32}$$

このとき，式(A3.1)の右辺は次のようになる。すなわち，$y(t)$ と $d(t)$ の相互相関関数が

$$\begin{aligned}\varphi_{yd}(\tau) &= E[y(t)d(t+\tau)] \\ &= E[x(t)x(t+\tau+\Delta)] = \varphi_{xx}(\tau+\Delta)\end{aligned} \tag{A3.33}$$

となるから，これをフーリエ変換すると

$$\Phi_{yd}(f) = \int_{-\infty}^{\infty} \varphi_{yd}(\tau) e^{-j2\pi f\tau} d\tau = \int_{-\infty}^{\infty} \varphi_{xx}(\tau+\Delta) e^{-j2\pi f\tau} d\tau$$

$$= \int_{-\infty}^{\infty} \varphi_{xx}(\tau') e^{-j2\pi f(\tau'-\Delta)} d\tau' = \Phi_{xx}(f) e^{j2\pi f\Delta} \tag{A3.34}$$

一方，$\Phi_{yy}(f) = \Phi_{xx}(f)$ であるから

$$\frac{\Phi_{yd}(f)}{\Phi_{yy}^{-}(f)} = \frac{\Phi_{xx}(f)}{\Phi_{xx}^{-}(f)} e^{j2\pi f\Delta} = \Phi_{xx}^{+}(f) e^{j2\pi f\Delta} \tag{A3.35}$$

これが式(A3.27)の右辺の$[\cdot]_{+}$内である．したがって，予測フィルタは，**図 A3.7** の構成となる．

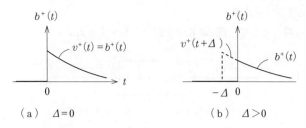

図 A3.7 ウィナーの予測フィルタの構成

このうち，どのくらい先を予測するかを示す Δ は，$\Phi_{xx}^{+}(f) e^{j2\pi f\Delta}$ の部分に含まれており，このインパルス応答は $\Phi_{xx}^{+}(f)$ のフーリエ逆変換を $v^{+}(t)$ とすると

$$b^{+}(t) = \begin{cases} v^{+}(t+\Delta) & (t \geqq 0) \\ 0 & (t<0) \end{cases} \tag{A3.36}$$

となる．

図 A3.8 はこの応答を模式的に示したものである．$\Delta=0$ のときは，$v^{+}(t)$ がそのままインパルス応答として出力されるが，$\Delta>0$ のときは，$v^{+}(t)$ を Δ だけ時間を早め，しかもこれを $t>0$ の部分だけ切り出したものになっている．これより予測フィルタにおいてどのくらい先を予測するかは，$v^{+}(t)$ のずらし方によって決まっていることがわかる．そのまま負の方向にずらすと因果性を失うので，$t>0$ の部分だけ切り出して因果性のある予測フィルタを実現しているのである．

図 A3.8 ウィナーの予測フィルタにおける $b^{+}(t)$

理解度チェックの解説

第 1 章

1.1 B），C），D）が誤りである。

B) 不規則信号の結合確率密度関数そのものが時間をずらしても不変であるとき，その信号は強定常であると呼ばれる。したがって，確率密度関数を記述するすべての統計量が絶対的な時点に依存しない。複数の時点で定義された統計量は時間差のみの関数となる。

これに対して弱定常は，二次モーメントが有限，すなわち $E[x(t)^2] < \infty$ となる条件のもとで，一次統計量と二次統計量のみが時間をずらしても不変であればよい。したがって，二次モーメントが有限であれば，強定常であれば弱定常であるが，逆は成立しない。

C) 定常信号では，平均値は時間によらず一定値となるが，共分散関数は複数の時点の時間差 τ の関数となり，一定値ではない。

D) 非定常信号では集合平均と時間平均はもちろん一致しないが，定常信号もそれだけでは必ずしも一致しない。一致するためには，エルゴード信号である必要がある。エルゴード信号はその一部に強定常な真部分集合を持たない強定常信号であって，エルゴード信号であれば集合平均と時間平均は一致する。実際には与えられた信号がエルゴード信号であるか検証することは難しく，複雑な定常信号はエルゴード信号であるとみなして（これをエルゴード仮説という），集合平均の代わりに時間平均をとることが多い。

1.2

（1）
$$E[(x-\bar{x})^2] = E[x^2] - 2\bar{x}E[x] + \bar{x}^2$$
$$= E[x^2] - E[x]^2$$

（2） $p(x)$ の平均値は

$$E[x] = \int_{-\infty}^{\infty} x p(x) dx = \int_0^{\infty} x e^{-x} dx = \left[x \cdot \frac{e^{-x}}{(-1)} \right]_0^{\infty} - \int_0^{\infty} \left(\frac{e^{-x}}{-1} \right) dx = \int_0^{\infty} e^{-x} dx = 1$$

二乗平均値は

$$E[x^2] = \int_0^{\infty} x^2 p(x) dx = \int_0^{\infty} x^2 e^{-x} dx = \left[x^2 \frac{e^{-x}}{(-1)} \right]_0^{\infty} - \int_0^{\infty} 2x \frac{e^{-x}}{(-1)} dx$$

$$= 2 \int_0^{\infty} x e^{-x} dx = 2$$

したがって，分散は（1）の式に代入して
$$E[(x-\bar{x})^2] = 2 - 1 = 1$$
となる。

第 2 章

2.1 B），C），E）が誤りである。

B) 相互スペクトル密度は複素数値となることがあり得るが，電力スペクトル密度は必ず実数で非負である。これは電力スペクトル密度が，もともと非負である信号電力の周波数成分を意

味するからである。

C) 逆に両側電力スペクトル密度を2倍すると片側電力スペクトル密度となる。両側スペクトル密度はもともと正と負の周波数で定義されて，$-\infty < f < \infty$ の範囲で積分すると信号電力になる。これに対して片側電力スペクトル密度は，両側電力スペクトル密度を折り返して正の周波数のみで定義したもので，$0 \leq f < \infty$ の範囲で積分すれば信号電力になる。

E) 出力 $y(t)$ の電力スペクトル密度 $\Phi_{yy}(f)$ は，入力の電力スペクトル密度 $\Phi_{xx}(f)$ の $|H(f)|^2$ 倍となる。入力の電力スペクトル密度 $\Phi_{xx}(f)$ をそのまま $H(f)$ 倍すると，入力と出力の相互スペクトル密度 $\Phi_{xy}(f)$ となる。

2.2

（1） 自己相関関数に関する不等式

$$|\varphi_{xx}(\tau)| \leq \varphi_{xx}(0) \tag{1}$$

は次のようにして証明される。

$$\lim_{T \to \infty} \frac{1}{T} \int_{-T/2}^{T/2} (x(t) \pm x(t+\tau))^2 dt \geq 0$$

であるから，これを変形すると

$$\lim_{T \to \infty} \frac{1}{T} \left[\int_{-T/2}^{T/2} x(t)^2 dt \pm 2 \int_{-T/2}^{T/2} x(t) x(t+\tau) dt + \int_{-T/2}^{T/2} x(t+\tau)^2 dt \right]$$
$$= 2[\varphi_{xx}(0) \pm \varphi_{xx}(\tau)] \geq 0$$

これより $\varphi_{xx}(0) \geq \pm \varphi_{xx}(\tau)$ となり，式(1)が成り立つ。

（2） 相互相関関数に関する不等式

$$|\varphi_{xy}(\tau)| \leq \sqrt{\varphi_{xx}(0) \varphi_{yy}(0)} \tag{2}$$

は，シュワルツの不等式

$$\left| \int f(t) g(t) dt \right| \leq \sqrt{\int f(t)^2 dt \cdot \int g(t)^2 dt}$$

を適用することにより証明される。すなわち

$$|\varphi_{xy}(\tau)| = \left| \lim_{T \to \infty} \frac{1}{T} \int_{-T/2}^{T/2} x(t) y(t+\tau) d\tau \right|$$
$$\leq \sqrt{\lim_{T \to \infty} \frac{1}{T} \int_{-T/2}^{T/2} x(t)^2 dt \cdot \lim_{T \to \infty} \frac{1}{T} \int_{-T/2}^{T/2} y(t+\tau)^2 dt}$$
$$= \sqrt{\varphi_{xx}(0) \cdot \varphi_{yy}(0)}$$

これより式(2)が成り立つ。$x(t) = y(t)$ のときは式(1)となる。

（3） 相互スペクトル密度に関する不等式

$$|\Phi_{xy}(f)| \leq \sqrt{\Phi_{xx}(f) \cdot \Phi_{yy}(f)} \tag{3}$$

は次のようにして証明される。

まずは，相互相関関数に関する上記の不等式(2)で $\tau = 0$ とおくと

$$|\varphi_{xy}(0)| \leq \sqrt{\varphi_{xx}(0) \varphi_{yy}(0)}$$

すなわち

$$|\varphi_{xy}(0)|^2 \leq \varphi_{xx}(0) \varphi_{yy}(0) \tag{4}$$

ここに $\varphi_{xx}(0)$ と $\varphi_{yy}(0)$ は，それぞれ信号 x と y の全電力に等しいから

$$\varphi_{xx}(0) = \int_{-\infty}^{\infty} \Phi_{xx}(f) df$$

$$\varphi_{yy}(0) = \int_{-\infty}^{\infty} \Phi_{yy}(f) df$$

同様に

$$\varphi_{xy}(0) = \int_{-\infty}^{\infty} \Phi_{xy}(f) df$$

が成り立つから，これを相関関数に関する上記の不等式(4)に代入すると

$$\left| \int_{-\infty}^{\infty} \Phi_{xy}(f) df \right|^2 \leqq \int_{-\infty}^{\infty} \Phi_{xx}(f_1) df_1 \cdot \int_{-\infty}^{\infty} \Phi_{yy}(f_2) df_2$$

ここに左辺と右辺はそれぞれ

$$\left| \int_{-\infty}^{\infty} \Phi_{xy}(f) df \right|^2 = \int_{-\infty}^{\infty} \int_{-\infty}^{\infty} \Phi_{xy}(f_1) \Phi_{xy}{}^*(f_2) df_1 df_2$$

$$\int_{-\infty}^{\infty} \Phi_{xx}(f_1) df_1 \cdot \int_{-\infty}^{\infty} \Phi_{yy}(f_2) df_2 = \int_{-\infty}^{\infty} \int_{-\infty}^{\infty} \Phi_{xx}(f_1) \Phi_{yy}(f_2) df_1 df_2$$

となるから，次式が成立する。

$$\int_{-\infty}^{\infty} \int_{-\infty}^{\infty} \Phi_{xy}(f_1) \Phi_{xy}{}^*(f_2) df_1 df_2 \leqq \int_{-\infty}^{\infty} \int_{-\infty}^{\infty} \Phi_{xx}(f_1) \Phi_{yy}(f_2) df_1 df_2$$

これは狭帯域信号を含むすべての信号で成り立つためには，すべてのf_1とf_2で

$$\Phi_{xy}(f_1) \Phi_{xy}{}^*(f_2) \leqq \Phi_{xx}(f_1) \Phi_{yy}(f_2)$$

である必要がある。したがって$f_1 = f_2 = f$とすれば

$$|\Phi_{xy}(f)|^2 \leqq \Phi_{xx}(f) \cdot \Phi_{yy}(f)$$

となり，式(3)が成り立つ。

2.3

（1）　単純マルコフ過程の

$$x(n+1) = \alpha x(n) + u(n)$$

の分散を計算すると

$$\begin{aligned} E[x(n+1)^2] &= E[(\alpha x(n) + u(n))^2] \\ &= \alpha^2 E[x(n)^2] + 2\alpha E[x(n)u(n)] + E[u(n)^2] \end{aligned}$$

ここに$u(n)$の分散は1で，$u(n)$と$x(n)$は無相関であるから

$$E[x(n+1)^2] = \alpha^2 E[x(n)^2] + 1$$

となり，さらには定常であるから

$$E[x(n+1)^2] = E[x(n)^2]$$

となり，これを整理すると次式を得る。

$$E[x(n)^2] = \frac{1}{1-\alpha^2}$$

（2）　$l=1$のとき

$$\begin{aligned} E[x(n)x(n+1)] &= E[x(n)(\alpha x(n) + u(n))] \\ &= \alpha E[x(n)^2] \end{aligned}$$

$l=2$のときは

$$\begin{aligned} E[x(n)x(n+2)] &= E[x(n)(\alpha x(n+1) + u(n+1))] \\ &= \alpha E[x(n)x(n+1)] + E[x(n)u(n+1)] = \alpha^2 E[x(n)^2] \end{aligned}$$

一般に

206　理解度チェックの解説

$$E[x(n)x(n+l)] = \alpha^l E[x(n)^2] \qquad (l \geqq 0)$$

が成り立つ。これに（1）で得られた $E[x(n)^2]$ を代入すると

$$E[x(n)x(n+l)] = \frac{\alpha^l}{1-\alpha^2} \qquad (l \geqq 0)$$

となる。

第3章

3.1　本文を参照されたい。簡潔に記すと次のようになる。

　相関関数法では，まずは自己相関関数を推定してこれをフーリエ変換して電力スペクトル密度を求めている。一般に自己相関関数 $\varphi_x(\tau)$ の時間幅 τ の範囲は，もともとのデータ長よりも短くてよく，フーリエ変換の演算が少なくてよい。したがって，かつては相関関数法がよく用いられたが，1960 年代後半になってフーリエ変換を高速に計算するアルゴリズム（FFT）が開発されると，データを直接フーリエ変換するピリオドグラム法が主流となった。

　この二つの方法は，データの統計的な性質をそのまま推定するもので，統計的な推定理論に基づいて，その推定結果がどの程度信頼できるかが明らかにされている。また，推定誤差を軽減する手法（各種のウィンドウなど）も数多く知られている。

　これに対して線形モデル法は，まずは線形生成モデルを求めて，そのモデルのパラメータに基づいてスペクトルを推定するものである。信号に急峻なスペクトルが含まれているときに，比較的短いデータから高い分解能の推定結果が得られることが特徴である。ただし，基本的に非線形的な処理を行っているので，スペクトルの推定結果はときとして複雑な振る舞いをする。高い分解能が得られても，それが本当に信頼できるものであるかは吟味が必要である。

3.2　本文で述べたように，スペクトル推定に際しては（a）真のスペクトルに近い値が安定に求められることと，（b）スペクトルの分解能が高いことが望ましい。一方で，与えられたデータは，その時間長などが制限されていることが多く，この両者をともにみたすことは難しい。特に限られたデータからの推定は，統計的なばらつきが必ずあって，安定性を確保することが重要な課題となる。さらにはデータ長を有限に打ち切ることによる誤差も発生してしまう。ウィンドウは，これらの課題に対処することを目的として提案された。

　ブラックマン・チューキー法（相関関数法，間接法）では，自己相関関数をまず推定して，これをフーリエ変換して電力スペクトル密度を求めるが，その際に問題となるのは自己相関関数の推定誤差である。特にラグ（時間差）τ が大きいと，自己相関関数を計算するためのデータ数が少なくなるので誤差が大きくなる。そのため，推定された自己相関関数の両端近くの値が小さくなるウィンドウを掛けてから，フーリエ変換することが行われる。これがラグウィンドウである。これによって，自己相関関数をラグを有限で打ち切ることの影響も軽減される。

　推定されたスペクトルのばらつきは，周波数軸上でスペクトル（電力スペクトル密度）をスムージングすることによっても軽減される。これは周波数軸上での一種のフィルタ処理で，そのフィルタがスペクトルウィンドウである。これは時間軸上での自己相関関数に対するラグウィンドウとフーリエ変換の関係にあり，基本的には同じ操作であるが，処理のしやすさで，両者を使い分ける。もちろん，時間軸上で簡単なラグウィンドウを掛けて，周波数軸上でさらにスペクトルウィンドウによる処理を行ってもよい。

　自己相関関数の推定を経由せずに，与えられたデータを直接フーリエ変換してスペクトルを求めるピリオドグラム法（直接法）では，データの分割により平均回数を多くしたり，周波数軸上

でスペクトルウィンドウ処理を施すことによって，データの信頼性を高めている。その際に問題となるのは，データを有限で打ち切ったときに両端で不連続になることの影響で，両端で値が0となるウィンドウを掛けてからフーリエ変換することがある。これがデータウィンドウである。

第4章

4.1 問いで定義された共分散行列は，実数ではなく一般には複素数値をとり，数学的にはエルミート行列と呼ばれているものとなる。ここに，エルミート行列とは，複素数を成分とする正方行列で，複素共役をとって転置した行列と一致するものをいう。すなわち共役転置を記号∗で記すこととすれば

$$\Sigma_x = \Sigma_x{}^*$$

エルミート行列は，対角成分はそれ自身の複素共役と一致することから実数でなければならない。また，そのすべての固有値も実数となり，定理4.1の2)〜4) はそのまま成立する。

4.2

（1） $$\begin{aligned}\Sigma_{xx} &= E[(\boldsymbol{x}-\boldsymbol{m}_x)(\boldsymbol{x}-\boldsymbol{m}_x)^{\mathrm{T}}] \\ &= E[\boldsymbol{x}\boldsymbol{x}^{\mathrm{T}}] - E[\boldsymbol{x}]\boldsymbol{m}_x{}^{\mathrm{T}} - \boldsymbol{m}_x E[\boldsymbol{x}^{\mathrm{T}}] + \boldsymbol{m}_x\boldsymbol{m}_x{}^{\mathrm{T}} \\ &= E[\boldsymbol{x}\boldsymbol{x}^{\mathrm{T}}] - \boldsymbol{m}_x\boldsymbol{m}_x{}^{\mathrm{T}} = R_{xx} - \boldsymbol{m}_x\boldsymbol{m}_x{}^{\mathrm{T}}\end{aligned}$$

（2） $$\begin{aligned}\Sigma_{xy} &= E[(\boldsymbol{x}-\boldsymbol{m}_x)(\boldsymbol{y}-\boldsymbol{m}_y)^{\mathrm{T}}] \\ &= R_{xy} - \boldsymbol{m}_x\boldsymbol{m}_y{}^{\mathrm{T}}\end{aligned}$$

（3） $$\begin{aligned}\Sigma_{(x+y)(x+y)} &= E[((\boldsymbol{x}-\boldsymbol{m}_x)+(\boldsymbol{y}-\boldsymbol{m}_y))((\boldsymbol{x}-\boldsymbol{m}_x)+(\boldsymbol{y}-\boldsymbol{m}_y))^{\mathrm{T}}] \\ &= E[(\boldsymbol{x}-\boldsymbol{m}_x)(\boldsymbol{x}-\boldsymbol{m}_x)^{\mathrm{T}}] + E[(\boldsymbol{x}-\boldsymbol{m}_x)(\boldsymbol{y}-\boldsymbol{m}_y)^{\mathrm{T}}] \\ &\quad + E[(\boldsymbol{y}-\boldsymbol{m}_y)(\boldsymbol{x}-\boldsymbol{m}_x)^{\mathrm{T}}] + E[(\boldsymbol{y}-\boldsymbol{m}_y)(\boldsymbol{y}-\boldsymbol{m}_y)^{\mathrm{T}}] \\ &= \Sigma_{xx} + \Sigma_{xy} + \Sigma_{yx} + \Sigma_{yy}\end{aligned}$$

$\boldsymbol{x}$ と $\boldsymbol{y}$ が無相関ならば

$$\Sigma_{(x+y)(x+y)} = \Sigma_{xx} + \Sigma_{yy}$$

同様にして

$$R_{(x+y)(x+y)} = R_{xx} + R_{xy} + R_{yx} + R_{yy}$$

$\boldsymbol{x}$ と $\boldsymbol{y}$ が無相関のときは

$$R_{xy} = \Sigma_{xy} + \boldsymbol{m}_x\boldsymbol{m}_y{}^{\mathrm{T}} = \boldsymbol{m}_x\boldsymbol{m}_y{}^{\mathrm{T}}$$
$$R_{yx} = \Sigma_{yx} + \boldsymbol{m}_y\boldsymbol{m}_x{}^{\mathrm{T}} = \boldsymbol{m}_y\boldsymbol{m}_x{}^{\mathrm{T}}$$

より

$$R_{(x+y)(x+y)} = R_{xx} + R_{yy} + \boldsymbol{m}_x\boldsymbol{m}_y{}^{\mathrm{T}} + \boldsymbol{m}_y\boldsymbol{m}_x{}^{\mathrm{T}}$$

第5章

5.1 最適推定値 $\hat{x}(t)$ に注目して評価関数 J の式を変形すると

$$\begin{aligned}J &= \hat{x}(t)^2 - 2\hat{x}(t)E[x(t)|y(t), t \le \tau] + E[x(t)^2|y(t), t \le \tau] \\ &= (\hat{x}(t) - E[x(t)|y(t), t \le \tau])^2 \\ &\quad - (E[(x(t)|y(t), t \le \tau])^2 + E[x(t)^2|y(t), t \le \tau]\end{aligned}$$

となる。これより，J を最小にする $\hat{x}(t)$ は

$$\hat{x}(t) = E[x(t)|y(t), t \le \tau]$$

となることがわかる。

5.2 解図 5.1 より推定誤差の電力スペクトル密度が，周波数領域で

$$|1-H(f)|^2 \Phi_{xx}(f) + |H(f)|^2 \Phi_{nn}(f)$$

と記述できることがわかる。ここに第 1 項が信号ひずみによるもの，第 2 項が雑音によるものである。まずは第 1 項に，ウィナーのスムージングフィルタの伝達関数を代入すると

$$|1-H(f)|^2 \Phi_{xx}(f) = \left|1 - \frac{\Phi_{xx}(f)}{\Phi_{xx}(f) + \Phi_{nn}(f)}\right|^2 \Phi_{xx}(f) = \frac{\Phi_{xx}(f)\Phi_{nn}(f)}{(\Phi_{xx}(f) + \Phi_{nn}(f))^2} \cdot \Phi_{nn}(f)$$

一方の第 2 項は同様にして

$$|H(f)|^2 \Phi_{nn}(f) = \left|\frac{\Phi_{xx}(f)}{\Phi_{xx}(f) + \Phi_{nn}(f)}\right|^2 \Phi_{nn}(f) = \frac{\Phi_{xx}(f)\Phi_{nn}(f)}{(\Phi_{xx}(f) + \Phi_{nn}(f))^2} \cdot \Phi_{xx}(f)$$

となる。これより推定誤差に含まれる信号歪みと雑音の相対的な割合をみると，それぞれの周波数において

$$信号歪み：雑音 = \Phi_{nn}(f) : \Phi_{xx}(f)$$

となっていることがわかる。信号歪みに $\Phi_{nn}(f)$ が，雑音に $\Phi_{xx}(f)$ があって逆に見えるけれども，この関係は次のことを意味している。もともと雑音に比べて信号のスペクトルが大きいと，そのまま信号を通すので信号歪みは小さく，推定誤差には雑音が多く含まれるようになる。逆に雑音のスペクトルが大きいと，雑音の影響をフィルタで阻止するために，結果として信号歪みが多くなることを許容する。これが最適なウィナーフィルタの構造である。

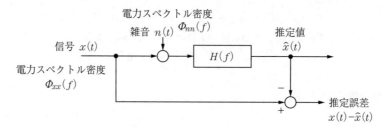

解図 5.1 ウィナーフィルタと推定誤差

第 6 章

6.1

（1） 本文の式 (6.54) の $D(k|k)$ に，P と R を代入すると

$$D = P - P(P+R)^{-1}P = \left(1 - \frac{P}{P+R}\right)P = \frac{R}{P+R}P = \frac{PR}{P+R}$$

となる。また式 (6.50) の $K(k)$ に P と R を代入すると

$$K = P(P+R)^{-1} = \frac{P}{P+R}$$

となる。

（2） $P = \alpha^2 D + Q$

に上式の D を代入して整理することにより

$$P^2 + ((1-\alpha^2)R - Q)P - QR = 0$$

が得られる。

（3） 上記の P の式で $\alpha = 0$ とすると

$$P = Q, \quad D = \frac{QR}{Q+R}, \quad K = \frac{Q}{Q+R}$$

となり，これらはスカラー量推定の式(5.7)と式(5.6)に相当する。

6.2　カルマンフィルタの基本式に問いで与えられた条件を代入すると，式(6.56)より

$$D(k|k-1) = D(k-1|k-1)$$

式(6.61)より

$$D(k|k)^{-1} = D(k|k-1)^{-1} + R(k)^{-1}$$

となる。したがって

$$D(k|k)^{-1} = D(k-1|k-1)^{-1} + R(k)^{-1}$$

この関係式を $D(K|K)$ に順に代入すると

$$D(K|K)^{-1} = D(K-1|K-1)^{-1} + R(K)^{-1}$$
$$= D(K-2|K-2)^{-1} + R(K-1)^{-1} + R(K)^{-1}$$
$$\vdots$$
$$= D(0|0)^{-1} + R(1)^{-1} + R(2)^{-1} + \cdots + R(K)^{-1}$$

ここに $D(0|0) = Q$ であるから，次式が得られる。

$$D(K|K)^{-1} = Q^{-1} + \sum_{k=1}^{K} R(k)^{-1}$$

第7章

7.1

（1）評価関数である

$$P = E[e(n)^2] = E[(x(n) - \alpha x(n-1))^2]$$

に対して，$\partial P/\partial \alpha = 0$ とおけば

$$\frac{\partial P}{\partial \alpha} = 2E[(x(n) - \alpha x(n-1))(-x(n-1))]$$
$$= 2\alpha E[x(n-1)^2] - 2E[x(n)x(n-1)] = 0$$

ここに

$$E[x(n-1)^2] = E[x(n)^2] = \varphi(0)$$
$$E[x(n)x(n-1)] = \varphi(1)$$

であるから

$$\alpha \varphi(0) = \varphi(1)$$

すなわち

$$\alpha = \frac{\varphi(1)}{\varphi(0)}$$

（2）P の式を分解して，最適な α を代入して整理すると

$$P = E[x(n)^2] - 2\alpha E[x(n)x(n-1)] + \alpha^2 E[x(n-1)^2]$$
$$= \varphi(0) - 2\left(\frac{\varphi(1)}{\varphi(0)}\right)\varphi(1) + \left(\frac{\varphi(1)}{\varphi(0)}\right)^2 \varphi(0)$$
$$= \varphi(0) - \frac{\varphi(1)^2}{\varphi(0)}$$

となる。

（3） $\partial P/\partial \alpha = 0$ の式より，予測のもとの $x(n-1)$ と予測誤差 $e(n)$ が無相関であることは明らかであるが，実際に計算してみると

$$E[x(n-1)(x(n)-\alpha x(n-1))] = \varphi(1) - \alpha\varphi(0)$$
$$= \varphi(1) - \frac{\varphi(1)}{\varphi(0)}\varphi(0) = 0$$

7.2 m 次の後向き予測誤差は，$x(n), x(n-1), \cdots, x(n-m+1)$ に基づいて $x(n-m)$ を推定するものであるから，その推定誤差は直交性の原理によって $x(n), x(n-1), \cdots, x(n-m+1)$ とは相関がない。しかるに $m-1$ 次以下の後向き予測誤差は，いずれもこの相関がない $x(n), x(n-1), \cdots, x(n-m+1)$ の線形結合となっている。直交性の原理は，線形結合された信号との間でも成立するから，これより m 次の後向き予測誤差と $m-1$ 次以下の後向き予測誤差は相関がないことがわかる。

第 8 章

8.1 LMS アルゴリズム

$$C_k(n+1) = C_k(n) + \mu e(n)x(n-k) \qquad (k=0, \cdots, K-1)$$

を行列表現すると

$$\boldsymbol{C}(n+1) = \boldsymbol{C}(n) + \mu \boldsymbol{x}(n)e(n)$$

一方，RLS アルゴリズムでは

$$\boldsymbol{C}(n) = \boldsymbol{C}(n-1) + R^{-1}(n)\boldsymbol{x}(n)e(n)$$

記述の違いがあるので時点は異なっているが，式の形は

$$R^{-1}(n) = \mu I$$

すなわち

$$R(n) = \frac{1}{\mu}I$$

であれば一致する。

これより，$x(n)$ の各成分に相関がなく $R(n)$ が対角行列であれば，両者は類似のアルゴリズムとなる。このことから，例えば図 8.6 に示したように，あらかじめ信号変換を行って信号間の相関をなくせば，収束の速い適応が可能になることが予想される。

実際にカルーネン・レーベ変換，あるいはその近似としての DFT などで信号変換することによって，収束が改善されることが報告されている。格子型フィルタも，後向き予測誤差信号には相関がなく，優れた適応フィルタとなる。

8.2 解図 8.1 の構成にして，スピーカー出力をマイクが拾うことで回り込む信号を適応フィルタで

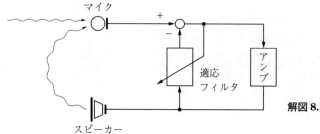

解図 8.1 適応ハウリングキャンセラ

相殺すればハウリングを抑えられる。適応フィルタが適切に動作すると相殺した後の信号のパワーが小さくなる。したがって，これを誤差信号として適応フィルタを制御すればよい。

第 9 章

9.1 解図 9.1 に処理結果を示す。

　線形移動平均フィルタでは，小振幅雑音は低減されるが，インパルス性雑音の除去は不完全である。信号のエッジも保存されていない。メジアンフィルタではインパルス性雑音は除去され，信号のエッジも保存されているが，小振幅雑音の低減は不十分である。ε フィルタは，小振幅雑音を効果的に低減し，一方で信号のエッジとともにインパルス性雑音も大振幅信号とみなして保存している。メジアンフィルタを通した後に ε フィルタで処理すると，エッジを保存したまま，小振幅雑音の低減とインパルス性雑音の除去をともに実現している。

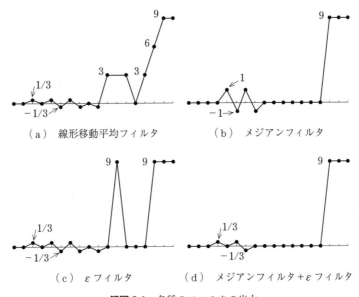

解図 9.1 各種のフィルタの出力

9.2 評価関数

$$D = \sum_{k=-K}^{L} w(k)|x(n-k)-x(n)-\alpha k|^2$$

に対して，$\partial D/\partial \alpha = 0$ とおけば，最適な傾き α の推定値が求められる。結果は

$$\alpha = \sum_{k=-K}^{L} b(k)[x(n-k)-x(n)]$$

　ただし

$$b(k) = \frac{w(k)k}{\sum_{l=-K}^{L} w(l)l^2}$$

この式は $x(n-k)-x(n)$ を入力とする線形ディジタルフィルタであって，これを基本となる ε フィルタに付加することによって傾斜適応型 ε フィルタが構成される。

索　　　引

【あ】

アダマール行列	80
アダマール変換	80
アンセンテッドカルマンフィルタ	123

【い】

一次統計量	20
一様分布	194
移動平均モデル法	63
イノベーション	106

【う】

ウィナー・ヒンチンの定理	44
ウィナーフィルタ	87
ウィナー・ホッフ方程式	
（離散時間信号）	96
（連続時間信号）	90
ウィナー予測フィルタ	98, 202
ウィンドウ	58
ウィンドウ処理	56
ヴォルテラフィルタ	180
後向き予測誤差	134

【え】

エルゴード仮説	23
エルゴード信号	22
エルゴード性	22

【お】

音　声	2, 26, 143
音声信号処理	143
音声生成過程	144

【か】

概収束	195
ガウス分布	11, 21, 194
学習モード	150
拡張カルマンフィルタ	123
確定現象	9

【き】

確　率	9
――の基礎	193
――の公理	9
確率集合	8
確率収束	195
確率統計現象	9
確率分布関数	193
確率変数	9
確率密度関数	10, 13, 193
荷重メジアンフィルタ	168
片側電力スペクトル密度	41
カルーネン・レーベ変換	78
カルマンアルゴリズム	159
カルマンゲイン	113, 118, 119
カルマンフィルタ	87, 104, 112
間接法	53
観測方程式	109

【き】

期待値	10
逆行列の補助定理	118, 157
強定常信号	15
共分散関数	12, 20
共分散行列	72
（線形変換）	74
行　列	68
行列式	73
極−零型モデル	64

【く】

空事象	9
グラム・シュミットの直交化法	80
訓練信号	148

【け】

傾斜適応型 ε フィルタ	182
結合確率分布関数	196
結合確率密度関数	196

【こ】

格子型アルゴリズム	134
格子型適応フィルタ	160

【こ】

格子型フィルタ	136
高速フーリエ変換	60, 189
誤差信号	148
コヒーレンシー	43
固有値	73
コンピュータグラフィックス	3
コンピュータビジョン	3

【さ】

最急勾配法	153
最小二乗適応アルゴリズム	152, 156
最小値フィルタ	171
最大エントロピー法	65, 143
最大傾斜法	153
最大値フィルタ	171
三角窓	58

【し】

時間二乗平均値	19
時間平均	18
時間平均値	18
しきい値分解	169
――の原理	170
シグマポイント	123
試　行	8
自己回帰−移動平均モデル法	64
自己回帰過程	107
自己回帰パラメータ	127
自己回帰モデル	64, 127
自己回帰モデル法	63
自己共分散関数	20, 35
自己相関関数	19, 30
（複素数値）	34
事　象	8
二乗平均値	19
システム同定	160
自動等化器	160
弱定常信号	16
集合二乗平均値	19
集合平均	10, 17
集合平均値	18
収束性（適応アルゴリズム）	155

索引 *213*

周波数スムージング	*59*	相互相関関数	*20, 33*	二次元メジアンフィルタ	*167*
主成分分析	*79*	（複素数値）	*34*	二次相互モーメント関数	*19*
順序統計フィルタ	*172*	相乗性雑音	*179*	二次統計量	*20*

【た】

順序統計量	*171*	大数の法則	*195*

【の】

準同型フィルタ	*179*	多次元ガウス分布	*75*
状　態	*108*	多変量ガウス分布	*75*

脳　波	*2, 26, 70*
ノルム	*69*

状態ベクトル	*71, 108*	単純マルコフ過程	*50, 107, 124*

ノンパラメトリックな手法	*53*

【ち】

状態方程式	*109*		
信号処理	*2*	逐次適応アルゴリズム	*152*

【は】

信号推定問題	*84*	中心極限定理	*195*

パーセバルの等式	*188, 190*
パーティクルフィルタ	*123*

信号生成モデル	*126, 140*	直接法	*53*
──の安定性	*140*	直　交	*69*

バートレットウィンドウ	*58*
白色信号（雑音）	*32, 40, 45*

──の次数の決定	*141*	直交行列	*78*

ハニングウィンドウ	*58*

【す】

直交性の原理	*87*
（カルマンフィルタ）	*114*

ハミングウィンドウ	*58*
パラメトリックな手法	*53*

推定誤差共分散行列		
	115, 116, 118, 119	（ベクトル信号）	*99*
（離散時間信号）	*96*

反射係数	*138*

【ひ】

スタックフィルタ	*169*	（連続時間信号）	*89*
スペクトルウィンドウ	*57*	直交変換	*78*

非線形カルマンフィルタ	*123*

スペクトル解析	*26*

【て】

非線形信号処理フィルタ	*164*

スペクトル推定	*52, 143*	定常信号	*15*

非線形適応フィルタ	*181*
非線形平均値フィルタ	*180*

スムージング	*88, 105*	適応アルゴリズム	*152*

非定常信号	*15*

【せ】

適応アンテナアレイ	*162*
適応ノイズキャンセラ	*161*

標準偏差	*11*
標本空間	*8*

正規化自己相関関数	*35*	適応ハウリングキャンセラ	*162*

標本信号	*11*

正規化相互相関関数	*35*	適応フィルタ	*148*
正規分布	*11*	適応モード	*150*

標本点	*9*
ピリオドグラム法	*53, 59*

正規方程式	*152*	データウィンドウ	*60*

【ふ】

正の相関	*27*	テプリッツ行列	*130*

フィルタリング	*88, 105*

成分分離型 ε フィルタ	*178*	転　置	*68*
漸化的最小二乗アルゴリズム		電力スペクトル密度	*38*

不確定現象	*9*
不規則信号	*8, 11*

	156	

【と】

不規則変数	*9*

全極型モデル	*64*		
線形システム	*46*	統計的性質	*13*

負の相関	*27*
ブラックマン・チューキー法

線形モデル法	*53, 62*	統計的独立	*196*

	53, 55

線形予測係数	*128*	統計量	*11, 17, 18, 193*

フーリエ変換	*187*

全零型モデル	*64*	特性関数	*194*

分割平均	*59*

【そ】

トレース	*73*

分　散	*11, 12, 19*

【な】

分析合成符号化方式	*145*

相加性ガウス雑音	*164*		
相　関	*27*	内　積	*68*

【へ】

相関関数	*19, 22, 55*	

【に】

平均二乗誤差
	85, 86, 88, 95, 111

相関関数法	*55*		
相関行列	*74*	二次結合モーメント関数	*19*

平均収束	*195*

相関係数	*35*
相互共分散関数	*20, 35*
相互共分散行列	*74*
相互スペクトル密度	*42*

平均値 11, 18
——のまわりの時間二乗平均値 19
——のまわりの集合二乗平均値 19
平均値ベクトル 72
（線形変換） 74
ベクトル 68
ベクトル信号 68, 99
偏自己相関係数 139

【ほ】

方形ウィンドウ 58

【ま】

前向き予測誤差 134
窓関数 58
マルコフ過程 32

【み】

ミッドレンジフィルタ 172
見本信号 11

【む】

無相関 27, 196

【め】

メジアン値 165
メジアンフィルタ 165

【も】

目標信号 148

モーメント関数 19
モルフォロジカル信号処理 181

【や】

山登り問題 153

【ゆ】

有限インパルス応答ディジタルフィルタ 97
有限次元分布 14
ユール・ウォーカーアルゴリズム 134
ユール・ウォーカー方程式 98, 129

【よ】

予 測 88, 105
予測誤差共分散行列 115, 116, 120
予測誤差抽出回路 127
予測誤差電力 129

【ら】

ラグウィンドウ 56
ラプラス変換 190
ランクオーダーフィルタ 171

【り】

リカッチ型行列微分方程式 122
離散コサイン変換 80
離散時間ウィナーフィルタ 87, 95

離散フーリエ変換 60, 79, 188
両側電力スペクトル密度 40

【れ】

レヴィンソン・ダービンのアルゴリズム 130
連続時間ウィナーフィルタ 87
連続時間カルマンフィルタ 122

【その他】

AIC 規準 142
ARMA モデル法 64
AR モデル法 63
CAT 規準 142
DCT 80
DFT 60, 188
DW–MTM フィルタ 172
FFT 60, 79, 189
FFT 法 59, 61
FIR ディジタルフィルタ 97
FPE 規準 142
IIR 型 ε フィルタ 178
LMS アルゴリズム 154
MA モデル法 63
MEM 65, 143
m 次線形予測問題 128
PARCOR 係数 139
RLS 156
z 変換 191
α–トリムド平均値フィルタ 172
ε フィルタ 174

―― 著者略歴 ――

1945年東京生まれ。1973年東京大学大学院博士課程修了。2009年東京大学を定年退職。コミュニケーションの基礎を工学的に探ることを専門として，情報理論，通信方式，信号処理，知的通信，マルチメディア技術，ヒューマンコミュニケーション技術，空間共有技術，顔学などに興味をもった。

信号処理教科書 ― 不規則信号とフィルター ―
Textbook of Signal Processing ― Random Signals and Filters ― Ⓒ Hiroshi Harashima 2018

2018年11月30日 初版第1刷発行
2021年9月20日 初版第2刷発行 ★

検印省略

著　　者	原　島　　　博
発 行 者	株式会社　コ ロ ナ 社
	代表者　牛来真也
印 刷 所	美研プリンティング株式会社
製 本 所	有限会社　愛千製本所

112-0011　東京都文京区千石 4-46-10
発 行 所　株式会社　コ ロ ナ 社
CORONA PUBLISHING CO., LTD.
Tokyo Japan
振替00140-8-14844・電話(03)3941-3131(代)
ホームページ　https://www.coronasha.co.jp

ISBN 978-4-339-00917-0　C3055　Printed in Japan　　　（新井）
〈出版者著作権管理機構 委託出版物〉
本書の無断複製は著作権法上での例外を除き禁じられています。複製される場合は，そのつど事前に，出版者著作権管理機構（電話 03-5244-5088, FAX 03-5244-5089, e-mail: info@jcopy.or.jp）の許諾を得てください。

本書のコピー，スキャン，デジタル化等の無断複製・転載は著作権法上での例外を除き禁じられています。購入者以外の第三者による本書の電子データ化及び電子書籍化は，いかなる場合も認めていません。
落丁・乱丁はお取替えいたします。

電子情報通信レクチャーシリーズ

（各巻B5判，欠番は品切または未発行です）

■電子情報通信学会編

	配本順	共 通		頁	本 体
A-1	（第30回）	電子情報通信と産業	西 村 吉 雄著	272	4700円
A-2	（第14回）	電子情報通信技術史 ―おもに日本を中心としたマイルストーン―	「技術と歴史」研究会編	276	4700円
A-3	（第26回）	情報社会・セキュリティ・倫理	辻 井 重 男著	172	3000円
A-5	（第6回）	情報リテラシーとプレゼンテーション	青 木 由 直著	216	3400円
A-6	（第29回）	コンピュータの基礎	村 岡 洋 一著	160	2800円
A-7	（第19回）	情報通信ネットワーク	水 澤 純 一著	192	3000円
A-9	（第38回）	電子物性とデバイス	益 川 一 哉 天 川 修 平共著	244	4200円
		基 礎			
B-5	（第33回）	論 理 回 路	安 浦 寛 人著	140	2400円
B-6	（第9回）	オートマトン・言語と計算理論	岩 間 一 雄著	186	3000円
B-7		コンピュータプログラミング	富 樫 敦著		
B-8	（第35回）	データ構造とアルゴリズム	岩 沼 宏 治他著	208	3300円
B-9	（第36回）	ネットワーク工学	田 中 村 野 敬 裕 介 仙 石 正 和共著	156	2700円
B-10	（第1回）	電 磁 気 学	後 藤 尚 久著	186	2900円
B-11	（第20回）	基礎電子物性工学 ―量子力学の基本と応用―	阿 部 正 紀著	154	2700円
B-12	（第4回）	波 動 解 析 基 礎	小 柴 正 則著	162	2600円
B-13	（第2回）	電 磁 気 計 測	岩 﨑 俊著	182	2900円
		基 盤			
C-1	（第13回）	情報・符号・暗号の理論	今 井 秀 樹著	220	3500円
C-3	（第25回）	電 子 回 路	関 根 慶太郎著	190	3300円
C-4	（第21回）	数 理 計 画 法	山 下 信 雄 福 島 雅 夫共著	192	3000円

配本順			頁	本 体
C-6 （第17回）	インターネット工学	後藤 滋樹 外山 勝保 共著	162	2800円
C-7 （第3回）	画像・メディア工学	吹抜 敬彦著	182	2900円
C-8 （第32回）	音声・言語処理	広瀬 啓吉著	140	2400円
C-9 （第11回）	コンピュータアーキテクチャ	坂井 修一著	158	2700円
C-13 （第31回）	集積回路設計	浅田 邦博著	208	3600円
C-14 （第27回）	電子デバイス	和保 孝夫著	198	3200円
C-15 （第8回）	光・電磁波工学	鹿子嶋 憲一著	200	3300円
C-16 （第28回）	電子物性工学	奥村 次徳著	160	2800円

展 開

			頁	本 体
D-3 （第22回）	非線形理論	香田 徹著	208	3600円
D-5 （第23回）	モバイルコミュニケーション	中川 正雄 大槻 知明 共著	176	3000円
D-8 （第12回）	現代暗号の基礎数理	黒澤 馨 尾形 わかは 共著	198	3100円
D-11 （第18回）	結像光学の基礎	本田 捷夫著	174	3000円
D-14 （第5回）	並列分散処理	谷口 秀夫著	148	2300円
D-15 （第37回）	電波システム工学	唐沢 好男 藤井 威生 共著	228	3900円
D-16 （第39回）	電磁環境工学	徳田 正満著	206	3600円
D-17 （第16回）	ＶＬＳＩ工学 —基礎・設計編—	岩田 穆著	182	3100円
D-18 （第10回）	超高速エレクトロニクス	中村 徹 三島 友義 共著	158	2600円
D-23 （第24回）	バイオ情報学 —パーソナルゲノム解析から生体シミュレーションまで—	小長谷 明彦著	172	3000円
D-24 （第7回）	脳工学	武田 常広著	240	3800円
D-25 （第34回）	福祉工学の基礎	伊福部 達著	236	4100円
D-27 （第15回）	ＶＬＳＩ工学 —製造プロセス編—	角南 英夫著	204	3300円

定価は本体価格＋税です。
定価は変更されることがありますのでご了承下さい。

図書目録進呈◆

メディア学大系

（各巻A5判）

■監修（五十音順）
相川清明・飯田 仁（第一期）
相川清明・近藤邦雄（第二期）
大淵康成・柿本正憲（第三期）

配本順	書名	著者	頁	本体
1.（13回）	改訂 メディア学入門	柿本正憲・大淵康成・進藤美希・三上浩司 共著	210	2700円
2.（8回）	CGとゲームの技術	三上浩司・渡辺大地 共著	208	2600円
3.（5回）	コンテンツクリエーション	近藤邦雄・三上浩司 共著	200	2500円
4.（4回）	マルチモーダルインタラクション	榎本美香・飯田仁・本田・相川清明 共著	254	3000円
5.（12回）	人とコンピュータの関わり	太田高志 著	238	3000円
6.（7回）	教育メディア	稲葉竹俊・松永信介・飯沼瑞穂 共著	192	2400円
7.（2回）	コミュニティメディア	進藤美希 著	208	2400円
8.（6回）	ICTビジネス	榊俊吾 著	208	2600円
9.（9回）	ミュージックメディア	大山昌彦・伊藤謙一郎・吉岡英樹 共著	240	3000円
10.（3回）	メディアICT	寺澤卓也・藤澤公也 共著	232	2600円
11.	CGによるシミュレーションと可視化	菊池司・竹島由里子 共著		
12.	CG数理の基礎	柿本正憲 著		
13.（10回）	音声音響インタフェース実践	相川清明・大淵康成 共著	224	2900円
14.（14回）	クリエイターのための 映像表現技法	佐々木和郎・羽田久一・森川美幸 共著	256	3300円
15.（11回）	視聴覚メディア	近藤邦雄・相川清明・竹島由里子 共著	224	2800円
16.	メディアのための数学	松永信介・相川清明・渡辺大地 共著		
17.	メディアのための物理	大淵康成・柿本正憲・椿郁子 共著		
18.	メディアのためのアルゴリズム	藤澤公也・寺澤卓也・羽田久一 共著		
19.	メディアのためのデータ解析	榎本美香・松永信介 共著		

定価は本体価格+税です。
定価は変更されることがありますのでご了承下さい。

図書目録進呈◆

シリーズ 情報科学における確率モデル

（各巻A5判）

■編集委員長　土肥　正
■編集委員　　栗田多喜夫・岡村寛之

	配本順				頁	本体
1	（1回）	統計的パターン認識と判別分析	栗田　多喜夫 日高　章理	共著	236	3400円
2	（2回）	ボルツマンマシン	恐神　貴行	著	220	3200円
3	（3回）	捜索理論における確率モデル	宝崎　隆祐 飯田　耕司	共著	296	4200円
4	（4回）	マルコフ決定過程 ―理論とアルゴリズム―	中出　康一	著	202	2900円
5	（5回）	エントロピーの幾何学	田中　勝	著	206	3000円
6	（6回）	確率システムにおける制御理論	向谷　博明	著	270	3900円
7	（7回）	システム信頼性の数理	大鑄　史男	著	270	4000円
8	（8回）	確率的ゲーム理論	菊田　健作	著	254	3700円
		マルコフ連鎖と計算アルゴリズム	岡村　寛之	著		
		確率モデルによる性能評価	笠原　正治	著		
		ソフトウェア信頼性のための統計モデリング	土肥　正 岡村　寛之	共著		
		ファジィ確率モデル	片桐　英樹	著		
		高次元データの科学	酒井　智弥	著		
		最良選択問題の諸相 ―秘書問題とその周辺―	玉置　光司	著		
		ベイズ学習とマルコフ決定過程	中井　達	著		
		空間点過程とセルラネットワークモデル	三好　直人	著		
		部分空間法とその発展	福井　和広	著		

定価は本体価格+税です。
定価は変更されることがありますのでご了承下さい。

图书目録進呈◆

次世代信号情報処理シリーズ

（各巻A5判）

■監　修　田中　聡久

配本順				頁	本体
1.（1回）	信号・データ処理のための行列とベクトル ―複素数，線形代数，統計学の基礎―	田 中 聡 久著		224	3300円
2.（2回）	音声音響信号処理の基礎と実践 ―フィルタ，ノイズ除去，音響エフェクトの原理―	川 村 　 新著		220	3300円
3.（3回）	線形システム同定の基礎 ―最小二乗推定と正則化の原理―	藤 本 悠 介 永 原 正 章	共著	256	3700円
	脳波処理とブレイン・コンピュータ・インタフェース ―計測・処理・実装・評価の基礎―	東・田中・中西共著			
	通信のための信号処理	林 　 和 則著			
	グ ラ フ 信 号 処 理 ― 基礎から応用まで ―	田 中 雄 一著			
	多次元信号・画像処理の基礎と展開	村 松 正 吾著			
	Ｐｙｔｈｏｎ信号処理	奥 田・京 地 杉 本	共著		
	音源分離のための音響信号処理	小 野 順 貴著			
	高能率映像情報符号化の信号処理 ―映像情報の特徴抽出と効率的表現―	坂 東 幸 浩著			
	凸最適化とスパース信号処理	小 野 峻 佑著			
	コンピュータビジョン時代の画像復元	宮 田・小 野 松 岡	共著		
	ＨＤＲ信号処理	奥 田 正 浩著			
	生体情報の信号処理と解析 ―脳波・眼電図・筋電図・心電図―	小 野 弓 絵著			
	適 応 信 号 処 理	湯 川 正 裕著			
	画像・音メディア処理のための深層学習 ― 信号処理から見た解釈 ―	高 道・小 泉 齋 藤	共著		

定価は本体価格+税です。
定価は変更されることがありますのでご了承下さい。

図書目録進呈◆